평범한 아이를 **공부의신**으로 만든 비법

부모의 행동만으로

평범한 아이를
공부의신 으로
만든 비법

이상화 지음

스노우폭스북스

이 책은 SBS '영재발굴단 〈아빠의 비밀〉, EBS 〈부모〉, MBC 〈기분좋은날〉 등 15개 방송에
소개된 육아의 신, 이상화 아빠의 육아 이야기다. 그의 육아법은 부모들 사이에서 입소문을
탔고, 방송은 앞 다퉈 그를 취재했다. 푸름이닷컴, 한솔교육나라, 기탄교육, 하이멘토에 칼럼
이 연재하며 슈퍼대디란 병명이 붙었다.

　하지만 그는 지극히 평범한 부모였으며, 남들보다 조금 더 가난한 부모였다. 아이를 좋아
하던 사람도 아니었으며 자신의 부모로부터 남다른 사랑을 받고 자란 사람도 아니다. 그저
아픈 아내를 대신해 예상에 없던 독박육아를 떠안은 아빠다.

　그럼에도 그의 두 아이, 재혁과 시훈의 놀랍도록 대단한 기록들 때문에 모든 부모는 그저
감탄을 쏟아낸다. 사교육은 꿈도 꿀 수 없는 가난한 형편이었지만 누구나 부러워하는, 거의
완벽에 가까운 '엄친아'로 길러냈기 때문이다. 이 책은 부모의 올바른 행동만으로도 모든 아
이가 훌륭히 자랄 수 있다는 믿음을 공유한다. 넉넉지 않은 형편 때문에 아이 교육에 고민
중인 부모, 아이를 위해 감수하는 많은 희생에도, 아이와 관계가 좋지 않은 부모 누구라도
해결책을 발견 할 수 있다. 더불어 자녀의 나이에 관계없이, 아직 육아 중인 부모 누구라도
현재의 문제에서 벗어날 수 있는 해법이 담겼다. 무엇보다 아직 늦지 않았다는 용기를 건네
는 책이다. 각 이야기 끝에 추가돼 있는 통키 육아 Tip은 저자의 공부법 메시지다.

가난하고 평범한 부모가 이뤄낸 기적 같은 육아법

저자 이상화는 오직 괜찮은 부모가 되기로 결심했다. 가난하고 평범한 부모, 둘째를 출산하
고 생사를 오가는 아내를 대신해 두 아이를 길러야 했던 때 그가 내린 결심이다. 더불어 가
난은 반드시 자기 대에서 끊어야겠다는 생각뿐이었다. 하지만 그가 가진 것이라고는 아무것
도 없었다. 그저 아이와 함께 보낼 수 있는 시간이 전부였다. 그는 가난 때문에 사교육은 꿈
도 꾸지 못했다고 말했다. 하지만 두 아이가 가진 기록들은 언론과 입소문을 타고 많은 부
모를 흥분시켰다. 피아노를 독학으로 터득했고, 만 4살 때 컴퓨터 자격증을 소유한 아이. 사
교육 없이 국제중학교에 입학해 27개 분야 200여개 상장을 탄 아이라니, 모든 부모의 입이

떡 벌어질 노릇이다. 스페인어 자격증과 영어, 중국어를 자유자제로 구사하고 한자까지 마스터한 아이 때문이다. 돈을 아무리 쏟아도 도저히 나오지 않을 기록이다.

그러니 누구는 '아이 머리가 비상했을 것'이라거나, 아니면 '영재나 천재에 가까웠을 것'이라고 말한다. 또 누군가는 '부모가 24시간 하루 종일 같이 있었으니 가능한 일 아니었겠냐.'며 부러운 마음을 에둘렀다. 하지만 정작 저자는 큰 아이가 태어나 지금까지 17번의 이사를 다니며 오로지 도서관을 좇아 다녔다고 말한다. 어려운 형편에 1년에 한번 집을 옮겨야 할 때마다 그가 유일하게 중요시 여긴 건, 도서관과의 거리였다. 매번 사줄 수 없는 책이 쌓여 있는, 누구에게나 마법 같은 인생을 선사하는 곳, 가난과 형편을 고려하지 않고, 내 아이를 미국 상위 3%에 드는 사람으로 만들어 줄 수 있는 곳이라고 믿었기 때문이다.

"믿을지 모르지만 가장 확실한 공부법은,
부모가 먼저 공부하는 것입니다.
그리고 그저 모든 공부를 놀이처럼 하게 하는 것입니다."

어쩌면 이 책은 모든 부모를 조급하게 만드는 책일지도 모른다. 지금 당장 실천하고 싶은 것들이 가득하지만 어디서부터 어떻게 시작해야 할지 조급하게 만들기도 하니 말이다. 한 살이라도 어린 나이라면 더 없이 좋을 것이다. 누구는 당장 학원을 모두 끊고 도서관에 아이를 밀어 넣어 버릴지도 모를 일이다. 그만큼 저자는 아이 육아에 있어서만큼은 대가로 인정하기 충분하다. 신뢰는 덤이다. 그의 두 아이가 증명하고 있으니 말이다.

저자는 이 책에 공부법을 담지 않았다. 공부법이라면, 공부법이 궁금한 부모라면, 당장 학원에 들러 사교육 선생님과 상의하면 될 일이다. 대신 저자는 어느 부모라도 너무나 간절하게 바라는 공부의 코칭법을 담았다.

공부 잘하는 아이, 인성 훌륭한 아이, 친구들과 잘 어울리고, 배려심 강한 아이, 부모에 대한 효심이 가득하고, 자신의 꿈을 스스로 찾는 아이로 기르고 싶은 그 간절함에 대한 코칭 말이다. 모든 부모는 원한다. 공부 잘하는 아이가 돼 주기를 말이다. 솔직히 말해, 도덕심 강한 아이보다 공부 잘하는 아이가 돼 주길 바란다. 도덕심이야 성장하며 길러질 테지만, 공부는 지금이 아니면 안된다는 생각에서다. 하지만 저자는 이 책을 통해 그 무엇도 아이의 성장에 있어 순서를 정할 필요가 없다고 설득한다. 더불어 지금 당장 시작할 수 있는 공부의 길, 잘 성장시킬 수 있는 본보기의 길을 안내한다.

이재혁은

- 사교육 없이 국제중학교에 입학
- 하나고등학교에 입학
- 하루 나이 독서로 초등 입학 전까지 한글 책 27,000권 독서함
- 초등학교 졸업까지 3,000권 스토리 영어책 독서
- 초등 졸업까지 30,000권 읽음
- 외국 생활 없이 영어, 중국어, 불어, 일어 독학으로 공부
- 스페인어 자격증 취득
- 초등학교 5학년 때부터 아동센터, 도서관, 구청복지관에서 영어와 중국어, 수학 지도 봉사
- 피아노 독학, 청심국제중학교 밴드 결성 키보드 맡음
  현재 어느 곡이든 5일 정도 연습하면 수준급으로 칠 수 있음
- 4학년 때 수학 올림피아드에 참가 전국 1위
- 카이스트 대학(원)생 7명과 상식, 영어, 수학, 한자 대결로 어깨를 나란히(방송에 소개)
- 큐브 3주 만에 독학, 수 십초 만에 맞출 수 있음
- S보드 30분 만에 독학
- 전국 중학생 우리말 토론대회 민사고 토론대회에서 일등
- 중학교 졸업 전까지 27가지 분야에 200여개 상장 받음
- 만 4살 때 컴퓨터 국가자격증 취득
- 전국 최연소 자격증 가지고 있음. 컴퓨터, 한자, 영어 분야
- 사교력이 좋아 친구가 많음
- 긍정적인 마인드와 배려심이 깊음
- 중학교 기숙사 시절 하루도 빠지지 않고 집으로 안부 전화함
- 고등학교 기숙사 생활이라 동생 시훈이 성장하는 모습을 자주 볼 수 없다고 아쉬워 함
- 축구를 좋아해서 무회전 킥 가능
- 북한군도 무서워한다는 사춘기를 가볍게 지나감. 독서와 소통 덕분이라고 생각함

이시훈은

- 초등학교 4학년
- 초등 입학까지 한글 책 20,000여권 책 읽음
- 초등 입학 후 영어책 6,500여권의 책을 읽음
- 초등 4학년 현재 26,500여권 독서함
- 형보다 잘하는 분야 : 영어, 수학, 배려심, 창의력, 운동 신경, 미술, 집중력
- 큐브 2일 만에 독학, 수 십초 만에 맞출 수 있음. 형보다 3년 어린 나이에 독학
- S보드 초등 2학년에 독학
- 무엇이든 형을 능가하려고 함
- 400여 편 외국 영화 시청으로 관련 분야 평론하기 좋아함

독서 육아의 힘

아내의 잦은 하혈로 동네 산부인과를 찾았다. 의사는 큰 병원으로 가야 한다며 소견서를 써 주었다. 충남대학교병원에서 큰 수술을 2번 받았다. 시간이 흐르고 계속된 치료에도 희망이 보이지 않는다는 의사의 말에 혼자서 아이를 키워야 한다는 불안이 엄습했다. 어쩌면 이런 큰 사건을 겪었기에 매사에 감사하며 육아에 소홀할 수 없는 내가 됐다.

발가락 두 개가 부러져 피범벅이 된 상태에서 아이와 한 약속을 지키려고 30분 거리를 직접 운전했다. 작은 약속이라도 꼭 지켜야 한다는 것을 아이에게 일깨워주고 싶었다. 아빠가 지킨 이 약속으로 얼만큼 사랑받고 있는지 보여주고 싶었다. 이제 아이는 아빠의 사랑과 의도를 말하지 않아도 아는 아이가 됐다.

육아가 힘든 것은 모든 부모가 마찬가지다. 어쩌면 백지장 한 장 정도 생각의 차이인지도 모른다. 육아가 어렵고 힘들 때면 새벽까지 육아서를 읽고 좋아하는 운동에 몰입한다. 결혼 생활이라는 큰 짐이 내 어깨를 짓누를 때는 스토리 가득한 책이 언제나 나에게 힘이 되었다.

지난 세월을 돌아보면 내가 아이에게 사랑을 주고 키웠다는 생각보다 도리어 아이에게 사랑받고 배운 게 더 많다. 나는 비로소 아이 덕분에 제대로 된 어른이 되었다. 아이가 잘못된 생각과 행동을 할 때, 바른길로 가도록 꾸짖을 때도, 그 모습에서 어린 시절 나를 발견했다. 내가 내 아이에게 주는 사랑보다 더 큰 사랑을 내 부모님께 받았던 기억이 머릿속 깊은 곳에서 나를 일깨웠다.

부모의 말 한마디가 아이에게는 자존심과 자존감이 될 수 있다는 사실을, 아이와 희로애락을 겪은 후 비로소 알게 되었다. 부모의 따뜻한 말 한마디에 아이가 행복할 수 있고, 부모의 온화한 웃음 띤 미소로 상처 입은 아이를 치유할 수 있으며, 부모의 무관심과 무심코 던진 말 한마디에 평생 큰 상처를 가질 수 있다는 사실을, 부모가 되고 한참이 지나서야 알게 되었다. 부모의 따뜻한 생각이 아이를 변화시키고, 자신의 삶과 타인의 삶에 긍정 바이러스가 되어 세상을 밝게 만들 수 있다는 사실을 늦게라도 알게 되었다.

아이를 키우는 부모는 저마다 할 말이 많다. 배우자가 육아에 참여하지 않아 속상하고, 형제끼리 피 터지게 싸워서 어떻게 해야 할지 모르겠다고 하소연한다. 아이 때문에 화가 머리 꼭대기까지 치밀어 화병이 날 지경이라는 분도 많다. 그야말로 육아는 전쟁이다.

내게 육아의 비법을 묻는 부모님들의 질문은 대게 이런 식이다. 아이를 어떻게 하면 변화시킬 수 있으며, 어떻게 하면 전교 1등으로 만들 수 있고, 어떻게 하면 남에게 뒤지지 않는 아이로 키울 수 있는지다. 이럴 때면 나는 되묻는다. '부모님이 먼저 변화된 모습을 보여주셨냐'고, '부모님이 학창 시절 1등을 하셨냐'고.

아직도 나는 내가 육아를 잘하고 있다고 생각하지 않는다. 아이들이 고등학교와 초등학교에 다니고 있고 현재도 육아는 진행형이다. 훗날 아빠가 아이들을 사랑한 방법이 빛을 발할 때는 아이가 원하는 삶을 살고 있을 때다.

자식을 사랑하지 않는 부모는 없다. 단지 제대로 사랑하는 방법을 모를 뿐이다. 부모의 가장 큰 잘못은 부모가 바라본 시선으로 아이를 키우는 데 있다. 부모가 못 이룬 꿈을 아이가 이뤄주길 바라는 데 있다. 부모와 자녀는 천륜으로 연결돼 있지만 삶은 별개다.

나는 오늘도 실수하지 않기 위해 자기최면을 건다. 지금 내가 아이를 대하고 있는 모습이 생방송으로 중계되고 있다고 말이다. 그렇게 생각하면 부모로서 아이에게 할 말과 보여야 할 행동을 제어할 수 있다.

부모의 건강한 삶을 아이에게 보이면 굳이 말하지 않아도 아이는 그 모습을 따라 한다. 마치 닮고 싶지 않던 내 부모의 모습을 닮은 우리처럼 말이다.

육아의 힘이란 굳이 내가 아이에게 무언가 넣으려고 하지 않고 내가 괜찮은 부모가 되면 된다. 그럼 아이는 괜찮은 아이로 성장한다. 내가 괜찮지 않은 부모라면 조금 더 괜찮은 부모가 되려고 노력하는 모습을 보여주면 된다. 그것이 육아의 핵심이다. 부모가 변하면 아이도 변한다. 부모가 변하려고 노력하는 모습만 보여줘도 부모의 역할은 충분하다.

대한민국에서 희망의 사다리가 사라졌다고 한다. 하지만 희망은 언제나 절망 속에서 새롭게 피어난다. 내가 실천한 행동과 육아의 방식을 평범한 부모 누구라도 따라 할 수 있다고 장담할 수는 없다. 그저 한 가지씩 따라 하다 보면 행복한 육아가 가능하다고 전할 뿐이다.

아이를 키우는데 엄마 아빠 역할을 나누기는 싫지만 아빠로서 아이를 키워보니 아빠가 참여한 가정의 아이들은 분명 차이를 보였다.

평범한 부모들에게 조금이라도 도움이 되었으면 하는 바람으로 우리 아이들과 지냈던 시간을 담았다. 아이의 꿈을 가꿀 수 있는 부모를 위한 책, 부모로서 도리를 다하고 싶은 책, 훗날 '우리 부모는 정말 멋진 분이었다.'는 기억을 남기고 싶은 부모 모두에게 이 책이 도움 되기를 바란다.

재혁 시훈 아빠 이상화

1장

절대 시간의 양으로
승부 되는 육아

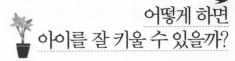

절대 시간의 양으로
승부 되는 육아

중학교 첫 중간고사에서 아이는 전체 최하위권 성적
을 받았다. 주위에서 선행학습을 시켜야 한다고 그
리 강조했지만, 아이가 원하지 않아 할 수 없었다. 꼴
찌를 했다고 부자지간에 달라지는 건 없었다. 그저,
격려와 함께 언제나 사랑한다고 말해줄 뿐이었다.
아이를 사랑하면 꼴찌라도 사랑스럽다. 초등학교 전
학년을 통틀어 최상위권으로 달리던 아이가 하위권
을 내달렸다.
이제야 하위권 부모의 마음을 알 것 같았다. 행복은
성적순이 아니라는 말은 새빨간 거짓말처럼 다가
왔다.

아이가 행복을
느끼는 순간들

배우자가 하는 행동 중에 마음에 무척 거슬리는 행동이 있다. 예전에는 보이지 않던 것들이 요즘 들어 눈에 띄는 횟수가 많아졌다. 사실 새롭게 만들어진 습관은 아닐 거다. 그저 사랑이 식었거나 내 생활이 힘들어져 참지 못할 행동이 돼 버린 걸 거다.

자녀를 키우는 일도 마찬가지 인듯하다. 아이를 훌륭하게 키우려고 노력하는 시간이 길어질수록 안보이던 나쁜 행동만 눈에 띄니 실망도 커지고 본전 생각이 절로 난다.

육아라는 게 보람과 자식이 있다는 안식이 들 뿐, 물질적으로나 감정적으로 그리 이득 보는 일은 아니다. 그래서 나는 이렇게 생각하기로 했다. 아이와 부모는 잠시 잠깐 스쳐 지나가는 이생에서의 인연쯤으로 여기기로 말이다.

사실 자식은 돈 먹는 하마나 다를 바 없다. 임신한 순간부터 산부인과를 뻔질나게 드나들며 보험도 안 되는 온갖 검사가 시작된다. 멀리 보면 결혼해 출가시킬 때까지 처음부터 끝까지 돈이다.

쪼개고 쪼개 아껴 모은 월급은 학년이 올라갈 때마다 학원비로 나간다. 독립해도 살집까지 얻어 줘야 그나마 내보낼 수 있다. 부모는 결국 살고 있는 집에 대출까지 받는다. 그리고 돈 걱정 몸 걱정 쉴 날 없는 노후를 보내기 일쑤다. 이것이 대한민국 부모의 미래다.

자식이 뭐라고 이런 삶을 살아도 자식 원망하지 않는 게 대한민국 부모다. 그러나 현명한 부모는 아이에게 올인하지 않는다. 이제 우리는 100세까지 산다. 자식을 챙기기에 자신의 노후를 먼저 생각해야 한다. 그다음에도 여유가 있다면 챙겨도 좋다. 무엇보다 아이는 성장해 자기 앞가림 정도는 스스로 할 수 있다는 확신을 갖자. 그리고 여유로운 노후를 준비하는 모습을 보여주자. 훗날 부모에 대한 마음이 있어도 가정을 꾸린 자녀는 부모 공양이 힘들다는 것을 잊지 말자.

그러니 지금 현재의 물질적인 지원보다 아이가 자라 혼자 살 수 있는 힘을 키워주는 데 양육의 근본을 두는 것이 좋을 것 같다.

오늘이 행복하면 인생 전체가 행복하다는 것을 알게 해줘야 한다. 그러기 위해는 우선 아이가 좋아하는 게 무엇인지 알아야 한다. 좋아하는 건 분명 꿈과 연결돼 있다. 아이가 잘하는 게 무엇인지 파악해 보자. 그리고 무엇을 할 때 가장 행복한지도 알아야 한다. 적을 알고 나를 알면 백전백승이라 했다. 부모 생각엔 1년에 5,000만 원짜리 조기유학을 보내면 행복할 거라 생각할 수 있다. 하지만 아이가 원하지 않은 조기유학은 심각한 부작용이 생긴다. 심한 경우 우울증이 생기거나 호기심으로 마약에 손을 대는 아이도 생긴다. 오히려 조기유학으로 성공하는 아이는 극히 드물다. 특히 아이 혼자 유학을 떠난 경우라면 더 하다.

실제로 모든 아이는 거의 똑같다.
부모와 주고받는 따뜻한 눈빛만으로도 행복해한다.
함께 걷다 장난삼아 살짝 몸을 숨겨도 아이는 행복해한다.
아빠와 벌이는 몸싸움에도 행복감을 느낀다.
비 오는 날 구겨진 우산을 들고 마중 나온 부모의 모습에 행복해하는 게 아이다.

부모가 기분 좋은 듯 웃기만 해도 덩달아 기분 좋아하는 게 아이다. 부부가 투닥투닥 장난하는 모습에도 즐거움을 느끼는 게 아이다.

부모와 함께 저녁 식사 준비만 해도 행복해하는 게 아이다.

아빠와 운동이나 게임을 하다 간발의 차이로 이기면 그저 행복하다. 역사 시간에 배운 정보를 아는 척하며 설명하고 눈 마주치며 들어 주기만 해도 으쓱해 한다.

함께 배드민턴만 쳐도 행복하다.

등굣길에 부모와 얘기하면서 걸으면 행복하다.

친구와 다툰 날 아이 편을 먼저 들어주니 서러움이 사라진다.

컴퓨터를 잘해서 행복하다.

집으로 친구를 초대했더니 엄마가 떡볶이를 만들어 주시니 행복하다.

길거리 음식 가판대에서 음식을 함께 사 먹으니 행복하다.

욕실에 수채화 물감을 넣어주니 마음껏 그릴 수 있어 행복하다.

함께 무언가를 구경하러 나와서 행복하다.

늦은 밤 이불 위에서 구슬 놀이를 해서 행복하다.

눈이 펑펑 온 날 함께 눈사람을 만들어 행복하다.

목욕탕에 함께 들어가 등을 씻어 주고 바나나우유 한 병 나눠 마시니 행복하다.

불타는 금요일 온 가족이 함께 영화를 보며 팝콘을 먹으니 행복하다. 그래서 부모와 함께 있는 건 무조건 행복하다. 그렇게 부모와 함께 있는 게 세상에서 가장 행복한 일이 된다.

영유아 350번, 어른은 10번

'동방예의지국', '황금을 보기를 돌같이', '밥 먹을 땐 조용히', '어른들 말하는데 어디서' 같은 말 표현은 아이들 표정을 딱딱하게 만들고 행복한 마음에 걸림돌이 된다.

동방예의지국이라서, 나서서 발표하거나 활발한 토론을 방해한다. 황금을 보기를 돌같이 하면, 경제관념이 뒤처진다. 유대인이 대한민국보다 지능이 낮아도 세계를 이끌어가는 것은 어릴 때부터 돈의 중요성을 알아서다.

식사시간은 아이가 유일하게 어른과 토론할 기회다. 어른과 이야기를 나누지 않은 아이는 입학사정관과의 면접이나 입사면접에서 불리하다. 부정적인 생각은 긍정적인 생각을 이길 수 없다.

영유아 아이들은 하루 평균 350번을 웃는다. 벌레가 기어 다니는 것만 봐도 웃고 난리다. 반대로 아빠들은 하루 평균 10번을 웃는다. 웃을 일도 없고 웃을 시간도 없다. 문제는 이 두 사람이 한집에서 함께 살고 있다는 거다. 아이는 동일시 효과 때문에 부모를 따라간다. 350번 웃던 아이의 미소도 점점 사라진다. 결국, 어른이 된 아이는 하루 평균 10번 웃는다. 그러나 아이가 웃을 때 함께 웃어주면 어른이 돼서도 웃음을 잃지 않는다.

육아의 힘이란
굳이 아이에게 무언가 넣으려고 하지 않고
내가 괜찮은 부모가 되면 된다.
그럼 아이는 괜찮은 아이로 성장한다.
내가 괜찮지 않은 부모라면
조금 더 괜찮은 부모가 되려고 노력하는 모습을 보여주면 된다.
그것이 육아의 핵심이다.
부모가 변하면 아이도 변한다.
부모가 변하려고 노력하는
모습만 보여줘도 부모의 역할은 충분하다.

부모의 건강한 삶을
아이에게 보이면 굳이 말하지 않아도
아이는 그 모습을 따라 한다.
마치 닮고 싶지 않던
내 부모의 모습을 닮은 우리처럼 말이다.

아이의
최초 롤모델

　부모라서.

　부모이기 때문에 나는 오늘도 내 아이와 함께 시간을 가지려 노력한다. 부모만큼 위대한 직업은 없다. 부모라는 울타리 안에서 자녀가 최대한 안녕하기를 바란다. 부모는 단지, 자녀가 성장해서 잘하는 것으로 직업으로 삼고, 좋아하는 것으로 취미를 갖기를 바랄 뿐, 그 이상도 그 이하의 욕심도 없다. 부모는 그래야 한다고 믿는다.

　대한민국에서 가족 부양을 책임지고 있는 가장으로, 아빠로 산다는 건 무척 힘든 일이다. 아빠도 힘들면 쉬었다 가라고 말하고 싶다. 내 마음대로 일이 풀리지 않을 때 가족을 생각하지 말고 아내에게 혼자만의 시간을 갖겠다고 말이다. 너무 쉬지 않고 기계를 돌리면 통째로 망가지게 돼 있다. 자녀와 배우자도 소중하지만 그보다 더 소중한 건 나 자신이다. 내가 나를 아끼고 사랑하고 소중하게 생각하면 아이들도 자신을 소중하고 사랑하게 된다.

나는 지치고 힘들 때면 아내와 아이들에게 힘들다고 말하고 도움을 요청했다. 현실에선 슈퍼맨 아빠를 요구하지만 평범한 아빠는 슈퍼맨이 될 수 없다.

한 달에 한 번은 모든 걸 잊고 나만의 시간을 갖기 위해 노력했다. 오랜 친구들과 만나고 보고 싶던 영화도 본다. 재충전의 시간을 가지면 가족을 위해, 더 즐겁게 일과 육아를 할 수 있다는 사실을 알기 때문이다. 그렇게 멋진 휴식을 끝낸 뒤 아이를 위해 할 수 있는 일을 생각하곤 했다.

부모가 일에 찌들어 힘겹게 사는 모습을 본 아이는 삶을 부정적으로 인식하는 원인이 된다. 아이 최초 롤 모델은 아빠고 엄마다. 부모가 제일 행복할 때는 가족과 함께 시간을 보낼 때라고 알려주면 아이는 성장해 행복한 가정을 꾸리게 된다.

아이는 부모를 통해 세상을 바라본다. 부모가 친구들과 행복한 모임을 가지면 아이들은 친구와의 관계를 원만하게 유지하는 소양을 배운다.

　대한민국 아이들은 예나 지금이나 많이 힘들다. 부모는 공부만이 살길이라며 채근한다. 주위를 돌아봐도 너나없이 죽어라 공부하는 분위기다. 그런 분위기가 과열되면 친구의 공책을 훔치기도 하고 분노 조절 장애로 마음이 병들기도 한다. 대한민국 아이들의 현실이다. 그러나 현명한 부모라면 아이를 제대로 이끌어야 한다. 부족한 부모는 없다. 부모 스스로 나를 자랑스럽게 생각하면 아이도 부모를 자랑스럽게 생각할 수 있다. 의사 부모만 자랑스런 부모가 아니다. 마트에서 물건을 파는 부모도, 택시 운전하는 부모도, 밤 늦게 뛰어다니며 택배 일을 하는 부모도 자랑스런 부모다. 세상 모든 부모는 자랑스럽다.
　내가 이삿짐을 나를 때도 나는 자랑스런 아빠였다. 택배 상하차 일을 할 때도, 월급이 1백만 원이 채 되지 않을 때도 그랬다. 아이도 마찬가지다. 1등을 했을 때도, 꼴등을 했을 때도, 친구와 다퉜을 때도, 대들고 거짓말을 했을 때도, 아이는 가장 사랑스런 존재다.

　나는 지금까지 아버지를 아빠라고 부른 적이 없다. 아버지는 무척 엄한 분이셨다. 회초리를 드신 적도 없지만, 아버지가 무서웠고 오르기 힘든 산이었다. 아버지와 함께 운동한 적도 없고 함께 몸으로 뒹굴며 놀이를 한 기억도 없다. 그 시대 아버지는 대부분 그랬다. 그래서인지 몰라도 나는 어릴 적부터 어른에 대한 거리감이 있었고 내성적인 성격이었다. 우리 부모님은 형제들에게 공부하라고는 하셨지만 어떻게 공부해야 하는지는 알려주시지 않았다. 그래서 왜 공부를 해야 하는지 몰랐고 공부에 대한 흥미도 없었다.

이런 나와 달리 첫째 재혁이는 중학교 졸업 때까지 스물일곱 개 분야에서 200여 개 넘는 상을 탔다. 나는 학교 다니면서 상이라곤 개근상 밖에 탄 기억이 없는데 말이다. 두 아이 모두 나의 학창시절과 다르게 성장해 준 것이 고마울 따름이다.

첫 아이가 태어나기 전에 나는 교육 관련 일을 했다. 그 직업 덕분에 결혼 전부터 아이들이 성장하는 과정을 지켜볼 수 있었다. 특히 유익했던 건 아빠의 양육형태에 따라 아이의 성장이 확연히 다른 차이를 보인다는 점이었다.

아이가 잘 자라고 있는 집의 아빠들은 온화한 미소로 아이의 얼굴을 보고 이야기 나눴다. 아빠 입장을 일방적으로 전달하기보다 아이의 생각을 먼저 물었다. 일의 옳고 그름을 떠나 말이다. 스킨십은 기본이었다. 퇴근한 아빠를 보고 쪼르르 뛰어가 안기는 모습은 샘이 날 정도로 친근한 모습이었다.

'나도 내 아이가 태어나면 저 아빠처럼 다정한 아빠가 되고 싶다.'는 생각이 내 마음속 깊은 곳에서 꿈틀거리게 된 것이다.

어떤 부모는 자녀가 한 명이라도 키우기 힘들다고 하지만, 어떤 부모는 자녀가 4명인데도 늦둥이를 원한다. 세상에 가장 복잡하고 변화무쌍한 것이 육아다. 아이와 제대로 된 소통을 하려면 고민하고 연구해야 한다. 부모가 하는 행동, 말투까지 내 아이에게 그대로 전달되기 때문이다. 부모가 담배를 피우면, 자녀가 아무리 어린 나이에 담배를 피워도 나무랄 수 없다. 아이에게 '담배는 나쁜 거야.'라고 말하는 순간 아이는 모순을 느끼게 될 뿐이다.

아이 몰래 담배를 피우고 있다면 담배 냄새를 숨기려고 아이를 멀리하기 시작할 것이다. 밖에서 담배를 피운다 해도 담배 냄새는 온몸에 묻어 있다. 아이가 뛰어와 안기려 해도 부모는 나쁜 행동을 숨기려고 아이를 안아 줄 수 없다.

담배를 끊는 것이 자녀 사랑과 관계가 없는 것 같아도 사실 관련이 있다. 사랑하는 사람에게 거짓말을 하기 시작하면 그 거짓말은 복리가 되어 돌아오기 때문이다.

부모 나이 35세 독서

서점이나 도서관 육아 코너에 가면 자녀교육 잘하는 집 이야기로 가득하다.

책을 잡고 있으면 부모는 한없이 작아진다.

반대로 게임에 빠져 아이를 돌보지 않아 굶어 죽게 만든 뉴스를 접하면 '나는

열심히 살고 있구나.'란 생각이 든다.

맞다. 행복한 육아도 스스로 만들어 갈 뿐이다. 나는 이미 오래전에 아이의

행복을 위해 살지 않기로 결심했다. 나는 내가 행복해지기 위해 운동을 하고

여행을 다닌다. 아이는 내 생활의 일부분이다. 아이를 위해 행선지를 정하는

것보다 가족이 모두 만족하는 여행을 간다. 목표가 없으면 배가 산으로 간다.

35세 부모는 1년에 35권의 책을 읽어 보라. 부모가 35권의 책을 읽는 동안

아이에게 일어나는 많은 변화를 직접 경험해 보라.

오늘, 그 무엇으로도
아이와 소통하라

아내는 임신 7개월부터 몸이 좋지 않아 누워 지내는 시간이 많았다. 아이가 태어나고도 병원의 단골손님이었다. 수술을 여러 차례 받아도 완쾌되질 않았다. 어쩌면 진짜 나 혼자 아이를 키워야 하는 일이 벌어질지 모른다는 생각이 들었다. 방 한 칸에 세 가족이 모여 살았고 병원비와 생활비에 빚은 점점 늘어났다. 세 개나 되는 직업을 갖고 뛰어야 늘어나는 빚을 조금이라도 막을 수 있었다. 그러니 아이와 놀아줄 시간이 부족했다.

나는 내가 집에 없어도 아이들이 내 목소리를 듣고 영어, 수학, 한자를 공부할 수 있게 하고 싶었다. 남들 다 보내는 영어유치원과 영어학원은 돈이 없어서 꿈도 못 꾸는 일이었으니까.

그렇다고 포기할 수는 없었다. 아이를 위해 내가 할 수 있는 게 무엇인지 생각해 내야 했다.

결국 나는 우리 아이들만을 위한 컴퓨터 강의를 녹화하기로 했다. 그 컴퓨터에는 현재 수백 개가 넘는 강의가 녹화돼 있다. 아이를 위한 강의는 3년이 넘게 계속됐다. 사실 그렇게 어렵게 녹화한 동영상을 아이가 돌려 본 건 얼마 되지 않는다.

하지만 아빠가 강의를 녹화하는 3년 동안 아이는 처음부터 호기심을 가지고 지켜봤다. 말투며 준비하는 과정까지 아빠가 녹화하는 과정이 신기한 듯 관심을 보였다.

"아빠, 뭐해요?"

"응, 아빠 한자 공부하는 거 녹화하고 있어."

"어떻게 하는 거예요?"

"여기 빨간색 녹화 버튼을 누르고 말을 하면 돼. 해 볼래?"

"네."

"자 녹화 버튼 클릭, 이제 말하면 돼."

"어떤 말을 해요?"

"아무 말이나 좋아. 아빠처럼 공부해도 되고 아빠나 엄마에게 전달하고 싶은 걸 말해도 돼."

"종이에 쓰면 안 되나요?"

"처음이니까 종이에 쓴 다음 연습해도 좋아."

"아빠, 다 적었어요. 해 볼게요."

"그래, 아빠는 쉿 할게."

"친구들 안녕, 이번 시간에는 한자에 대해 공부해 볼 거야. 이건 하늘 天이야. 하늘 알지? 저기 위에 있는 거! 저기에서 뭐가 내려? 비도 오고 눈도 오잖아. 더 높이 올라가면 별도 많아. 이해가 되었지? 다음에 공부할 한자는 땅 地야. 땅은 우리가 걸어 다닐 수 있어. 땅속에는 뭐가 있을까? 개미와 다양한 생물도 살고 있어. 내가 책에서 읽었는데 더 깊이 들어가면 뜨거운 불덩어리도 있대. 오늘은 한자 두 개를 배웠는데 이제 끝낼 거야. 왜냐하면 영어 강의도 시작해야 하거든. 친구들 또 만나. 안녕!"

"와, 정말 잘하네. 아빠보다 더 잘해."

"아빠, 이제 영어 강의 준비해서 할게요."

아이는 강의할 내용을 종이에 써 내려갔다. 써 내려가다 여러 번 고치기를 반복했다. 부모가 만들어 놓은 강의를 일방적으로 시청하는 것보다 이렇게 참여하는 걸 더 재미있어했다.

"아빠, 준비 다 되었어요."

"그래, 아빠는 다시 쉿 할게."

"친구들 안녕, 내가 또 돌아왔어. 저번 시간에는 한자를 배워봤지? 어떤 걸 배웠어? 하늘天과 땅地를 배웠지? 이번 시간에는 친구들이 궁금해하는 영어를 알려 줄게. 집중해서 들으면 영어는 귀에 쏙쏙 들어와. 얼마 전에 친구가 놀이터에서 나에게 코를 영어로 물었는데 창피하게도 난 코가 영어로 뭐라고 하는지 몰랐어. 어디서 배웠냐고 했더니 영어유치원에서 배웠대.

아빠에게 나도 가고 싶다고 말했는데 우리 집은 돈이 없대. 엄마 수술비와 치료비가 많이 들어서래. 그래서 아빠가 가르쳐 주셨어. 내가 아빠에게 배운 걸 너희들에게만 특별히 알려줄게. 얼굴이 있지? 얼굴 맨 위에 뭐가 있어? 검은색으로 되어 있잖아? 미용실에 가면 아주머니가 예쁘게 잘라줘. 그래 바로 머리카락이야. 머리카락은 Hair라고 해. 다음 눈이야. 눈은 사람을 볼 수 있어. 보고 싶은 건 이 눈을 통해서 보는 거야.

눈은 영어로 eye라고 해. 눈 밑에는 뭐가 있어? 내 친구가 물어봤던 거 있잖아. 그래 바로 코야. 코는 영어로 nose라고 해. 마지막으로 입은 밥을 먹을 수 있고 말을 할 수 있어. 내가 지금 친구들에게 말을 할 수 있는 거야. 자 오늘은 영어를 배워 봤는데 재미있지?

아 참, 귀를 빠트렸어. 귀는 다른 사람들이 말을 하면 귀로 들을 수 있어. 내가 친구들에게 하는 말을 귀가 있으니까 들리는 거야. 친구가 얘기하면 잘 들어주면 좋겠지. 이젠 진짜로 마칠 시간이야. 친구들 또 만나. 안녕!"

"너무 재미있게 잘했어. 아빠도 귀에 쏙쏙 들어온다."

내 아이를 위한 강의로 시작된 것이 어느덧 소통의 도구가 돼버렸다. 그리고 그때 깨달았다. 오늘, 지금, 내 아이와 어떤 것으로도 소통해야 한다는 것을.
단순히 아빠가 만들어 놓은 동영상을 시청하는 건 재미도 없고 효과도 떨어졌다. 아이와 함께 뒹굴며 소통하는 것이 최고의 방법이라는 사실을 말이다.

학습효과 피라미드

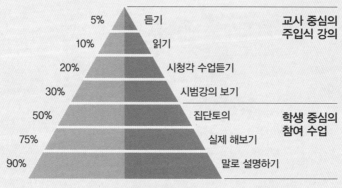

5%	듣기	**교사 중심의 주입식 강의**
10%	읽기	
20%	시청각 수업듣기	
30%	시범강의 보기	
50%	집단토의	**학생 중심의 참여 수업**
75%	실제 해보기	
90%	말로 설명하기	

출처: NTL(National Training Laboratory)

아이보다
먼저 공부하는 부모가 돼라

아내는 연애 시절 기념일마다 나에게 선물을 했다. 만난 지 100일째 학 천 마리를 선물하면서 내가 하는 일이 모두 잘 되기를 바란다고 했다. 거북이 1,000마리를 접어주면서는 행복하게 오래 살기를 바란다고 했다. 학 알 1,000개는 만약 아이가 태어나면 잘 키워야 한다는 의미라며 선물했다. 별 1,000개는 다른 사람에게 빛나는 등대가 되기를 바라며 접었다고 했다. 마지막으로 배 1,000개는 결혼 생활이 평탄하기를 바란다며 선물했다.

밤마다 나를 생각하면서 접은 5,000개의 정성. 아내의 사랑이 얼마나 깊었는지 알 수 있는 것들이었다. 나는 그런 아내가 무척 사랑스러웠다. 출산 후 아내는 나에게 부탁했다. 육아서도 읽고 아이에게 공부하는 모습을 보여 달라고.

그 부탁을 실천하며 내 삶은 많은 변화로 가득 찼다. 책을 읽으며 보육학과 아동학을 전공했고 아이의 심리를 잘 알게 됐다.

아이가 태어났을 때가 비로소 내가 책을 읽기 시작한 시점이다. 그 전까지는 책과 담을 쌓고 살았다. 큰 아이가 초등학교 입학하기 전, 내가 읽어 주었거나 스스로 읽은 책이 총 27,000권이다. 둘째는 20,000권이다. 나처럼 가난한 부모에게 태어난 아이들이라도 책을 많이 읽으면 인생이 바뀔 것 같았다.

하지만 책을 읽으며 아이들 인생보다 내 인생이 먼저 바뀌기 시작했다. 아이들에게 각각 읽어 준 27,000권과 20,000권의 책은 내마음 속에서도 소용돌이 쳤다. 내가 아이를 키우고 있는 배경지식은 육아서 1,200권과 10년 이상 자녀 교육에 관련된 신문 스크랩이 기초가 됐다. 영어 때문에 회사를 그만두었지만 내 아이를 위해 영어를 마스터할 수 있는 길을 찾게 되었고 지금까지는 만족할 만한 결과가 나왔다.

큰 범위에서 보면 부모가 아무리 훌륭한 행동을 해도 사회가 병들어 있으면 아이를 잘 기르기 어렵다. 그러니 모든 부모가 함께 제대로 된 생각을 가지고 있어야 대한민국 아이들의 미래가 밝다. 훌륭한 행동과 마음가짐을 가진다는 게 그리 어려운 일도 아니다. 내가 싫어하는 것은 남도 싫어하고 내 자녀도 싫어한다는 것을 아는 것이 기본 바탕이다.

만약 지금 아이와 관계가 좋지 않다면 우선 꼬여있는 문제를 풀어야 한다. '내가 너를 위해 이렇게 많은 희생을 하고 있는데 너는 공부 하나도 제대로 하지 않느냐'며 다그치면 관계는 절대로 풀리지 않는다. 마음으로 좋아하지 않는 부모의 그 어떤 행동이나 가르침도 자녀는 따르지 않는다. 반대로 아이와 유대관계가 좋은 부모의 행동은 아이 스스로 따라 하려고 한다. 그런 상태에서 부모가 옳고 바른 행동을 보이면 아이는 묻지도 따지지도 않고 따라 하려고 든다.

아이는 언어를 배우기 시작하면서 부모의 대화 모습을 관찰한다. 말은 부모를 통해, 지식은 책을 통해 터득해 가는 것이다. 똑같은 8년을 보내고 학교에 입학해도 인지 발달과 신체 발달은 매우 다르다. 아이와 대화할 때 눈을 쳐다보고 했는지, 아이가 질문했을 때 즉시 열린 대화로 응답했는지, 실수했을 때 혼내지 않고 실수를 배움으로 연결해 주었는지에 따라 다르다.

이런 사소한 것들이 습관이 되게 하려고 나는 집에 TV를 놓지 않았다. 대신 천장에는 빔프로젝트가 달려 있고, TV 자리엔 1.2× 2.4미터 크기의 화이트보드와, 2인용 책상이 줄지어 차지하고 있다. 화이트보드는 아이와 소통하는 최고의 수단이다. 아이가 일곱 살이 되는 해부터 아침마다 화이트보드에 '예투투'를 적었다.

예투투란 Yesterday의 앞에 두 글자 Ye와 Today의 To 그리고 Tomorrow의 To 글자를 합성해 붙인 이름이다. 외국인과 대화할 때 필요한 미래, 현재, 과거 표현이 여기 모두 포함되어 있다. 이 문장을 익히면 기수 서수를 자연스럽게 익힐 뿐 아니라 프리토킹 활용도가 높았다.

Yesterday was Saturday, August 1st, 2017

Today is Sunday, August 2nd, 2017

Tomorrow will be Monday, August 3rd, 2017

오늘 위의 표현을 적었다면 내일은 아래 문장들처럼 달라진다. 미래였던 Monday와 3rd가 오늘이 되고, 오늘의 Sunday와 2nd 이 과거가 된다. 자연스럽게 날짜 개념과 함께 함축된 영어를 익힌다.

Yesterday was Sunday, August 2nd, 2017

Today is Monday, August 3rd, 2017

Tomorrow will be Tuesday, August 4th, 2017

"아빠, 적고 계신 게 뭐예요?"

"어제와 오늘 그리고 내일 날짜야. 아빠는 이걸 매일 적으려고"

"왜요?"

"재미있으니까."

"저도 하고 싶어요."

1년 365일 하루도 빠지지 않고 화이트보드에 예투투를 적었다. 큰아들은 초등 3학년까지 예투투를 기록했고 둘째아들은 초등 4학년까지 예투투를 적었다.

"아빠가 예투투 읽을 테니까 스탑워치로 측정해줘. 버튼 누를 준비 되었니? 준비되었으면 알려줘."

"네, 시작."

"Yesterday was Sunday, August 2nd, 2017. Today is Monday, August 3rd, 2017. Tomorrow will be Tuesday, August 4th, 2017. 끝 몇 초야?"

"32초에요. 아빠, 저도 스탑워치 좀 재주세요."

"Are you ready? Set go"

"Yesterday was Sunday, August 2nd, 2017. Today is Monday, August 3rd, 2017. Tomorrow will be Tuesday,

August 4th, 2017.

"끝. 몇 초에요?"

"와, 대단해. 아빠보다 2초 빨랐어."

"2초 빠르면 몇 초에요?"

"30초야."

"제가 아빠보다 빨라요?"

"나도 깜짝 놀랐다. 아빠가 다시 한번 해 봐야겠다. 다시 측정해
줘."

처음 시작하는 아이는 읽지도 못했고 아빠의 도움이 필요했다.
그런데도 40초밖에 걸리지 않았다. 시계를 살짝 멈춰 아이가 승리
하게 하는 이유는 자신감과 자존감을 높여주기 위해서였다. 아이
는 스탑워치를 활용한 게임이 즐거웠고 수십 번 넘게 반복했다. 뇌
가 신기한 게 아무리 외우려고 노력해도 안 되던 게 즐겁게 읽기만
해도 외워졌다. 그렇게 반복은 기적을 가져왔다. 얼마 지나지 않아
예투투 3문장을 말하는데 6초면 충분했다.

20분 공부법

영유아들의 집중력은 나이에서 5분을 더한다. 내 아이가 평균보다 높으면 부모가 마련해 주는 환경이 양호하며, 5분도 집중하지 못하면 부모의 양육형태 재점검이 필요하다. 초등학생이 되면 집중력이 약간 높아져도 20분을 넘지 않는다. 하지만 이때부터 장시간 앉아서 수업을 받아야 하니, 교사나 부모는 20분이 경과하면 집중력을 모으는 활동을 해야 한다. 제자리 뛰기나 댄스 타임으로 분위기를 잠시 바꾸는 것을 추천한다.

집에서만이라도 20분 공부법을 실천한다. 물론 20분 보다 더 많은 시간을 몰입해 있다면 방해하지 않는 것이 좋다. 아이가 책을 읽을 때는, 아이를 부르거나 독서를 방해하면 안 된다. 놀이도 마찬가지다. 레고나 모래 놀이에 집중하고 있다면 식사시간을 잠시 뒤로 미루더라도 아이를 방해하면 안 된다.

육아와 사고방식이
전혀 다른 부부 사이에서 일어날 수 있는 일

　오래전 일이다. 전문직을 갖고 있는 지인이 아내와 이혼을 심각하게 생각 중이라며 어려움을 하소연했다. 그는 월평균 1,500만 원에서 3,000만 원까지 벌고 있었다. 그런데도 집으로 가지고 오는 돈이 적다고 아내는 남편을 무시했다. 아내의 사치가 이렇게 심한 줄 처음엔 까맣게 모르고 있었다. 아내를 처음 만난 곳은 빵집이었다. 빵을 좋아했던 지인은 자주 빵 가게를 들렸는데 그곳에서 첫눈에 반한 지금의 아내를 만났다. 사귄 지 얼마 되지 않아 고졸인 사실을 알게 되었지만 둘의 사랑은 깊어갔다. 명문대 졸업생인 그는 집안의 심한 반대에도 불구하고 결혼했다. 어떤 역경이 와도 이겨

낼 수 있다고 부모님을 설득시켰다. 결혼 생활은 평탄하게 보였다. 아이가 건강하게 태어났고 화목한 가정처럼 보였다. 하지만 아이가 2살쯤 됐을 때 남편은 아내의 숨겨진 모습을 보게 됐다. 그가 들려준 사건의 전말은 이랬다.

여느 날처럼 그날도 출근 채비를 했다. 아내에게 안겨 있는 아이와 뽀뽀를 하고 주차장으로 내려간 뒤에야 차키를 집에 두고 온 사실을 뒤늦게 알았다. 엘리베이터를 타고 다시 집으로 향해 초인종을 눌렀지만 웬일인지 아이 울음소리만 들릴 뿐 아내는 문을 열어 주지 않았다. 열쇠 꾸러미가 없으니 문도 열지 못하고 그저 초인종을 수차례 더 눌러볼 뿐, 여전히 아내의 기척은 없었다. 다행히 현관문 아래 우유 투입구가 열려 있었고 이리저리 안을 들여다볼 수 있었다. 그리고 그 순간, 그는 자신의 눈이 의심되는 광경을 목격했다.

아이는 거실에 혼자 앉아 발을 구르며 자지러질 듯 울고 있었고 아내는 베란다 문을 닫은 채 담배를 피우고 있었다. 거실문이 닫혀 있어 엄마에게 갈 수 없는 아이는 울음을 멈추지 않고 더 큰 소리로 울어댔다. 남편은 우유 투입구를 통해 연신 아내를 불렀지만 아내는 듣지 못했고, 결국 물고 있던 담배를 모두 피우고 나서야 거실로 나와 문을 열었다.

"당신 뭐 하고 있었던 거야?"

"화장실에 있었어요."

"우리 애 울음소리가 집 밖에까지 들렸어."

"화장실에 따라오지 못하게 하니까 운 거야."

"당신 담배 피웠어?"

"……."

"애 울음소리가 너무 심해서 우유 투입구로 봤는데 조금 전 당신 모습을 전부 봤어. 당신은 화장실이 아니라, 배란다에 있었고.

대체 언제부터 피우기 시작한 거야."

"얼마 안 됐어."

남편은 아내의 말을 더 이상 믿을 수 없었다. 그토록 사랑했던 아내의 입에서 거짓말을 발견한 순간 남편의 머리는 멍해졌다. 나중엔 처녀 시절 힘들 때 가끔 피웠다고 했는데 그 역시 거짓말이었다. 담배를 못 피우게 할 생각은 없었다. 다만 이후로도 담배를 피우면서 아이를 돌보는 것에 소홀하기 시작한 게 문제였다. 아이가 말을 하기 시작하면서 담배 피우는 것을 감추기 위해 아이를 안아

주지 않았고 아이가 잠든 늦은 밤에 밖으로 나가기를 반복했다.

밤에는 휴대폰 게임과 쇼핑에 중독돼 있었고 새벽이 돼서야 잠자리에 들었다. 그러다 보니 초등학생이 된 아이 아침은 언제나 시리얼이었다. 남편과의 관계도 점점 멀어져 다툼이 잦아졌다. 그녀는 남편이 미웠고 화풀이는 아이에게 고스란히 전가됐다. 제대로 된 결혼 생활이 될 리 만무했다. 결국 지인은 결혼 10년 만에 아내와 이혼을 하고 혼자 아이를 키웠다. 시간이 한참 흘러 이제 아이는 명문대를 졸업하고 결혼까지 했다. 물론 남편도 재혼했다. 최근에 그의 전부인 소식을 들었는데 어느 요양원에서 허드렛일을 하며 지내고 있다고 했다.

전부 그런 건 아니지만 이 가정의 경우는 사고와 육아 방식 모두가 다르다는 데 있었다. 명문대를 졸업한 남편과 아내가 살아온 환경과 방식 자체가 다른 것도 한몫했다.

여러 연구에 따르면 고학력자일수록 수명이 길다고 한다. 이유는 나쁜 행동이 습관이 되지 않도록 노력하기 때문이라고 했다. 그러니 아이를 기르는 데 있어 배우자가 같은 언행과 올바른 태도를 일관성 있게 하는 일은 매우 중요해 보인다. 아이가 자라 판단을 스스로 할 나이가 되면 양쪽 부모를 판단하고 평가할 수 있다. 그러나 자라는 동안 아이는 한쪽 부모의 좋은 태도에 더해, 다른 한쪽 부모의 좋지 않은 행동도 배우게 된다는 게 문제다. 나쁜 줄 알지만 아이 몸속에 고스란히 전달되기 때문이다.

3가지 적

상대적으로 아이를 잘 키운 집은 키워드가 있다. 사랑, 화목, 긍정, 모범이다. 더불어 아이 키우는 게 힘들다는 집에도 키워드가 있다. 부정, 불화, 비난, 모범이다. 공통으로 들어가는 것이 모범이다. 좋든, 싫든, 부모가 보여주는 게 무엇이든 아이는 그것이 모범인 줄 알고 자신의 것으로 만든다.

육아에는 많은 적이 있다. 게임, 게으름, 욕심이다. 평상시 뇌파는 3Hz지만 게임을 하게 되면 27Hz의 흥분 상태로 바뀐다. 지속해서 게임에 노출되면 조절능력이 떨어지고 게임중독에 빠진다. 반면에 놀이, 독서, 운동은 집중력을 높일 수 있는 최고의 방법이다.

게으름은 두 번째로 경계해야 할 대상이다. 부모가 밤늦게 게임을 하면 아이의 아침을 챙기지 못한다. 첫 단추가 잘못 끼워지면 오늘도 내일도 활기찬 아침은 불가능하다.

세 번째가 욕심이다. 학교 시험에서 100점을 맞게 하겠다는 욕심, 아이를 잘 키워야겠다는 욕심, 1등을 만들겠다는 욕심, 의사나 판사로 만들겠다는 욕심이다. 아이를 위한다는 핑계를 대며 자신의 콤플렉스를 채우는 형국이다. 부모가 욕심을 버리면 아이가 사랑스럽다. 부모가 욕심을 버리면 잔소리가 준다. 부모의 좋은 생각과 말과 행동은 아이도 사회도 건강하게 만든다.

강도 높은 시간보다
밀도 높은 시간을 함께 보낼 때

　IT 강국 대한민국은 전 세계에서 정보가 가장 빠른 나라다. 아이는 태어나 스마트폰으로 음악을 들으며 잠을 잔다. 지하철 이용자 대부분 이 작은 기계에 온 정신을 집중한다. 잠들기 직전까지 품고 있으니 알이라면 부화를 하고도 남을 애정이다. 아이들에게도 꼭 필요한 소통 도구다. 어느 땐 엄마가 아이 얼굴 보고 말하는 시간보다 스마트 폰으로 대화하는 시간이 더 많다. 반대로 아이보다 스마트폰 들여다보는 시간이 더 많은 엄마도 많다.

　"엄마 스마트 폰 그만 봐요."

　"내가 나 좋으라고 스마트 폰 보는 줄 아니? 스마트 폰으로 너

입을 옷도 구입해야 하고 우리 가족 음식도 주문하잖아."

"지금 게임하잖아요."

"지금까지 옷하고 음식 주문하다가 잠깐 게임하는 거야."

역시 여자에게 대화로 이길 수 있는 남편과 자녀는 어디에도 없다. 물론 아빠도 스마트 폰이나 게임, 드라마에 빠지면 아이와 대화는 뒷전이다. 하루 동안 하는 일이 많아 아이들과 놀아줄 시간이 없다고 하소연하는 분들을 많이 만난다. 경제적으로 자유롭지 않은 이상 부부가 맞벌이라도 해야 조금은 여유롭게 문화생활도 즐길 수 있는 게 현실이다.

하지만 아이와 함께할 때만큼이라도 휴대폰, TV 등은 잠시 무음으로 두거나 꺼두는 결심이 필요하다. 그 시간만큼은 온전히 아이에게 집중해 보는 거다. 때로 정말 시간이 나지 않을 때도 있다. 내 경우 그럴 때는 거실에 걸어둔 화이트보드와 컴퓨터 바탕화면을 이용했다.

메모 1. 도서관에서 이번 주 읽을 책 2권 빌리기.

메모 2. 이번 주까지 영타 100타 도달하기.

이런 식으로 간략하게 기록해 두면 아이는 내게 묻곤 했다.

"아빠, 메모해 두신 거 누구 거에요?"

"아빠가 할 일이야."

아이는 자기가 할 일을 적어둔 것 같아 물었는데, 뜻밖에도 아빠가 할 일이라 급히 관심을 가진다.

"아빠, 도서관에 언제 가요? 저도 책 빌리고 싶어요. 그리고 영타 100까지 누가 빨리 도달하는지 시합해요."

부모가 하는 일을 뛰어넘고 싶어 하는 게 모든 아이의 심리다. 나는 아이의 이런 심리를 이용해 지시하지 않으면서 부족한 시간을 활용했다. 같은 방법으로 독서, 영어, 수학, 한자, 컴퓨터 활용을 스스로 원하도록 유도했다.

아이는 특별히 컴퓨터를 배우지 않았다. 그런데 학교 대표로 뽑혀 교육청 대회에 나가서 상을 탔다. 주변에 엄마들은 어느 학원에 보냈는지 궁금해했다. 집에서 공부했다고 하면 '아이가 원래부터 똑똑하니까 그렇지.'라고 말했다.

하지만 원래 똑똑한 아이는 없다. 태어날 때는 누구나 백지상태다. 그 새하얀 도화지에 어떤 그림을 그릴 것인지는 아이와 부모의 몫이다.

아이가 미술상을 자주 받곤 하니. 우리 부부 중 한쪽 누군가 그림 감각이 있는 줄 안다. 하지만 내가 사람을 그리면 동그라미 얼굴에 몸은 타원형으로, 손은 작은 동구라미를 그려 넣고 눈, 코, 입을 표시하는 게 끝이다. 누가 봐도 형편없는 그림이다. 그러니 내 아이가 그림을 그려 달라고 해도 그려줄 수 없다.

대신 사람을 그리고 싶은 아이에게 사람을 관찰할 수 있는 눈을 선사한다. 숲을 그리고 싶어 하면 함께 산에 오르고, 물고기를 그리고 싶어 하면 바닷가를 가거나 낚시를 간다. 나무를 그리고 싶어 하면 나무 키우는 법을 알려주면 된다. 말하지 않고 보여주고 경험하는 것이 최고의 교육이었다.

아이와 함께할 때 소중하지 않은 순간은 없다. 책을 함께 읽을 때나 놀이와 운동을 함께 할 때도 소중한 인생의 한 페이지다. 심지어 혼을 낼 때도 마찬가지다.

어떤 부모는 아이를 야단치고 이내 미안한 마음에 아이에게 사과를 한다. 이런 행동은 육아에 있어서 참으로 위험한 행동이다. 사과하지 않으면 가슴이 아프지만 부모가 아픈 만큼 아이는 성숙된다. 삶은 학원에서 배우는 것보다 부모로부터 보고 익혀야 한다. 대신 참 괜찮은 부모로부터 배우면 더할 나위 없이 좋다.

시험 기간이니 공부하는 아이가 아니라 평소에 공부하는 아이가 리더가 된다. 물론 백날 떠들어야 아이 귀에 들어갈 리 없다. 공부하라고 죽을 때까지 말해도 아이는 귀를 기울이지 않는다.

부모는 자식을 가르쳐야겠다는 생각을 놓았을 때 비로소 길이 보인다. 모든 부모가 바쁜 시간을 쪼개어 아이와 함께할 수 없다. 하지만 모든 부모는 평소 함께 있는 시간을 최대한 활용할 수 있다. 아이는 시키면 하지 않는다. 넣으려고 하면 들어가지 않는다. 부모도 아이도 모르게 주고받아야 한다. 그러니 부모가 하는 공부가 아이가 하는 공부다.

여전히 나는 스스로 주문을 외운다. '난 참 괜찮은 아빠다.'라고. 그렇다. 나는 참 괜찮은 아빠가 되기로 마음먹었다. 그래서 아이는 참 괜찮은 아이로 자랄 것이라 믿는다. 그래서 참 괜찮은 아빠가 되려면 무엇을 해야 하는지 깊이 생각한다.

내겐 독서가 조금 더 많이 필요했다.

내겐 웃는 표정이 더 필요했다. 담배를 끊어야 했다.

참 괜찮은 아빠는 담배하고는 어울리지 않으니까.

아이에게는 매일 신문을 보고 있는 아빠가 필요했다.

아이가 꼴찌를 했다고 통보를 했어도 참 괜찮은 아빠는 괜찮다고 마음먹어야 했다.

부모가 흔들리면 아이는 수렁으로 떨어질지도 모른다.

참 괜찮은 부모가 되면 그 부모와 함께 있는 아이의 그 시간은 빛나는 시간이 된다.

초등학교 성적은 독서를 많이 한 아이가 유리하다. 하지만 중학교와 고등학교는 다르다. 교과과목과 연관이 없는 독서나 공부는 좋은 내신을 받을 수 없다. 아이 옆에 있어만 준다고 성적이 오르지 않는다. 모든 과목이 그렇지만 공부하는 방법을 알아야 하고 시간 관리를 철저히 해야 한다. 시간이 급하다고 개념 공부 없이 문제집만 풀면 원하는 성적이 나올 수 없다.

고등학생은 많은 과목을 공부해야 하므로 수업에 몰입하는 집중력이 필요하다. 초등학생까지는 국어, 영어, 수학, 과학에 대한 워밍업이다. 다독으로 국어를 준비하고 스토리 영어책과 프리토킹, 그리고 에세이 쓰기 연습과 문법 공부로 영어를 준비하고 인터넷 강의를 통해 세계사나 화학, 물리 등에 대해 도전해 과학을 준비한다.

특히 영어나 수학 분야는 단기간에 준비할 수 있는 과목이 아니다. 이 과목에 대해 평소에 꾸준한 준비가 없었다면 천재나 영재가 아닌 다음에야 상위권은 힘들다. 간혹 '영어 30분 완성'이나 '수학 하루 10분이면 수학 영재 된다.'는 식의 광고가 눈에 띈다. 하지만 그런 건 없다. TV 영재 프로그램에 나온 아이가 특정 분야에 빛을 발휘하고 있다면, 못하는 건 빼고 잘하는 걸 더 부각한 것뿐이다. 영어는 반드시 하루 3시간 이상 올바른 방법으로 공부해야 한다. 수학을 잘하려면 하루 3시간 이상은 공부해야 한다. 화학이나 물리, 지구과학도 마찬가지다. 다 아는 사실을 새삼스럽게 강조해서 그렇지만, 평소에 1과목당 3시간씩 투자하지 않으면 원하는 대학은 갈 수 없다. 그게 대한민국 시스템이다.

맞벌이 부모라면 번갈아가며 한 부모씩 일찍 퇴근해 아이와 퀄리티 타임을 효과적으로 계획해야 한다. 아이는 스스로 앉아서 공부하거나 인터넷 강의를 시청하지 않는다. 부모가 아이와 얘기를 나누고 부족한 과목은 EBS 교육 방송을 시청해야 한다. 습관이 되기 전까지는 부모가 시간에 맞춰서 방송을 틀어줘야 한다. 어른은 생업이기에 누가 시키지 않아도 일을 하지만 대부분의 아이는 공부를 생업이라고 생각하지 않는다.

퀄리티 타임 때 부모가 지켜야 할 일곱 가지 약속

1. 퇴근 후 휴대폰은 무음이나 종료시킨다.

2. 삶에 대한 긍정적인 마인드를 가진다.

3. 아이의 부족한 과목이 무엇인지 파악하고 해결 방안을 의논한다.

4. 부족한 과목 보충은 아이의 동의 하에 인터넷 강의나 학원을 알
   아본다.

5. 공부에 대한 동기부여가 우선이다.

6. '너는 학생이니까 공부하고 난 어른이니까 TV 본다'는 말은 절대
   하지 않는다.

7. 드라마 보는 모습을 보이지 않거나 아이와 함께 본다.

3개월마다 가구 재배치

우리 집은 3개월마다 가구나 물건을 재배치한다. 어떤 날은 소파 자리를 바꾼다. 붙여두었던 소파 하나를 멀찌감치 떼어 본다. 어떤 날은 책장의 위치를 바꾼다. 안방에 있는 책장과 거실에 있는 책장을 바꾼다. 어떤 날은 책상의 위치를 바꾼다. 일자로 되어 있는 책상을 기억자로 바꾼다. 어떤 날은 도배를 새로 한다. 풀 먹은 벽지는 벽지 바르는 시간을 반으로 줄여준다. 화이트보드가 거실에 들어오는 날 아이는 그림 솜씨를 발휘한다. 식탁에 페인트를 칠하고 유리를 맞춰 올려두니 새것 같다. 아이는 식탁의 변신에 눈이 커진다. 안방에 있는 이불장이 원래의 색깔 대신 하얀색을 입으니 방안이 환해졌다. 살면서 육아보다 재미있는 게 가구재배치와 인테리어다. 이것저것 옮길 물건이 바닥나면 쌀 장독 자리를 옮긴다. 아이의 고정관념을 깨는데 이만한 것이 없다.

여전히 나는 스스로에게 주문을 외운다.
'난 참 괜찮은 아빠다'라고
그렇다 나는 참 괜찮은 아빠가 되기로 마음먹었다.
그래서 아이는 참 괜찮은 아이로 자랄 것이라 믿는다.
그래서 참 괜찮은 아빠가 되려면
무엇을 해야 하는지 깊이 생각한다.

내겐 독서가 조금 더 많이 필요했다.

내겐 웃는 표정이 더 필요했다.

담배를 끊어야 했다.

참 괜찮은 아빠는 담배하고는 어울리지 않으니까.

아이에게는 매일 신문을 보고 있는 아빠가 필요했다.

아이가 꼴찌를 했다고 통보를 했어도

참 괜찮은 아빠는 괜찮다고 마음먹어야 했다.

슈퍼 부모는
없다

　세상에서 가장 행복한 아이들이 있는 나라는 스웨덴이라고 한다. 복지제도가 상당한 수준인 스웨덴은 아이 키우기 부러운 나라다. 유모차를 가지고 버스를 타면 요금조차 내지 않는 나라다. 육아 휴직도 어느 나라와도 비교되지 않는다. 대한민국 시스템을 송두리째 바꾸지 않는 이상 저출산 1위는 아무래도 벗어나기 힘들어보인다. 사회 전체가 아이를 키워야 하는데 그러지 못하니 말이다.

　우리는 회식도 일의 부분이라는 나라다. 정각 6시에 퇴근하면 눈치가 보이는 나라, 아이가 아파도 상사 눈치 보느라 조퇴하기 힘든나라다. 이 모든 것을 법으로 만들기 전에는 말 잔치로 끝날 수밖에 없다.

이제 일보다 가정이 우선이라는 생각으로 바꿔야 한다. 가정이 바로 서야 일도 잘할 수 있다. 기업 오너의 생각이 바꿔야 하는 건 당연하다. 삼성, 현대, LG 같은 대기업은 교육열 높은 대한민국 부모들 덕분에 지금과 같은 회사로 성장했다. 당연히 제대로 된 분배가 이뤄져야 하는데 기업은 직원들이 가정보다 회사에 더 충실하기를 바란다. 저녁 9시까지 일하고 온 아빠에게 육아까지 잘하라는 건 참으로 어리석은 짓이다. 그러니 미혼남녀가 회사 상사들의 이야기를 듣고 결혼하기 싫어하는 건 당연하다.

나 역시 대기업을 그만두지 않고 그대로 근무했다면 아이를 키우겠다는 생각을 못했을 거다. 지금 시대는 아이를 갖는 순간 불행이 시작된다는 생각이 즐비하다. 대통령이 바뀌었으니 믿고 기다려 볼 일이다.

식상한 이야기고 모두 아는 얘기지만 첫째도 둘째도 아이에게 필요한 건 사랑과 관심이다. 아이와 대화를 통해 꿈을 파악하고 그 꿈을 이루기 위해서 책을 읽어야 한다. 아이의 꿈은 여러 차례 바뀐다. 당연한 발달과정이니 부모는 아이의 꿈이 바뀔 때마다 정보를 찾아보는 관심을 가져야 한다. 보편적으로 청소년이 되기 전까지 최소한 10개의 꿈을 꾸고, 바뀐다. 아이의 꿈이 소방관이라면 소방 체험을 통해 소방관이 하는 일을 경험하게 해줘야 한다. 작가가 꿈이라면 현직 작가들을 만날 수 있도록 해 보는 것이다. 대통령도 만나기 쉬운 세상이다. 조금만 노력하고 파악하면 쉽게 만날 수 있다.

예전에야 힘들고 어려운 얘기지만 요즘은 여러 기업에서 직업 탐방이 생겼고 여러 기회를 제공하니, 놀이 공원 한번 가는 노력으로 충분히 해 줄 수 있는 일이다.

부모가 일하는 일터로 초대하면 부모에 대한 이해력도 높아질 것이다. 가족을 위해 열심히 일하는 모습을 목격한 아이는 부모를 존경하는 눈빛으로 바라본다.

심리학자들은 행복한 사람이란 주변의 인간관계가 원만하고 자기가 좋아하는 분야에서 일하고 있는 사람이라고 했다. 아빠가 일터에서 행복하게 일하는 모습은 아이가 삶을 행복하게 바라볼 수 있게 한다.

나는 그리 자상한 편도 아니고 흔히 말하는 슈퍼맨 아빠도 아니다. 거기다 애초부터 자상한 아빠와는 거리도 먼 사람이었다. 단지 운이 좋아(?) 독박육아를 하게 됐고 아이 마음을 읽어야 했기에 육아서적을 많이 읽어야 했다. 슈퍼맨 아빠는 없다. 자칫 무리한 요구를 하지 않기를 모든 엄마들에게 부탁한다. 괜히 애꿎은 아빠만 잡지 않기를 말이다.

나는 어릴 적 공부 얘기만 나오면 내성적인 성격이 되었지만 놀이나 운동을 할 때면 180도 성격이 달라졌다. 그래서 언제나 골목대장이었다. 놀이와 운동을 무척 좋아해서 10여 명의 아이와 놀이를 시작하면 마지막 아이가 저녁밥 먹으러 갈 때까지 놀이터를 지켰다. 그런 성격 탓에 회사에 근무할 때 탁구 선수로 선발된 적도 있고, 3년 동안 테니스만 친 적도 있다. 볼링 243점은 연속 스트라이크 7번에 나온 점수다. 대학 때 배운 당구는 250을 유지하고 있고, 늦게 배운 골프지만 스크린에서 4언더가 기록이다. 이처럼 운동을 좋아한다. 그래서 내가 실컷 놀기를 바라고 아이들과 함께 즐겁게 논다. 테니스공 하나면 글러브 없이 2시간은 놀 수 있다. 황사가 많은 요즈음 집안에서 탁구공 하나면 아이들과 즐겁게 지낼 수 있다. 부모가 즐기지 않으면 아이와 함께 하는 시간은 지옥 그 자체다. 단단히 마음먹지 않으면 본전 생각나고 주먹부터 나갈 테니 말이다.

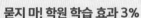

묻지 마! 학원 학습 효과 3%

돼지엄마를 따르는 묻지 마 학원의 학습 효과는 3%다. 학원은 학업을 따라
가지 못하고 부진한 아이의 성적을 올리기 위해서 보내는 곳이다. 대한민국
은 성적이 우수한 아이들이 더 나은, 더 우수한 성적으로, 더 나은 삶을 살게
하려고 학원에 보낸다.

하지만 누구라도 이구동성으로 말한다. 살아보니 알겠다고 한다. 행복은 성
적순이 아니라는 달콤한 말에 속았다고 말한다. 그런데도 아이는 여전히 좋
은 성적을 내야 한단다.

학원은 아이가 원할 때 보내야 효과가 좋다. 강요 때문에 다니는 학원은 효과
가 미미하다. 무엇보다 1시간 학원 수업을 받았다면 2시간 복습 시간을 가져
야 한다. 이 법칙을 지키지 않으면 죽어라 학원에 보내도 결코 성적은 향상되
지 않는다.

2장

서툰 부모에서
슈퍼부모가 되기까지

완벽하게 준비된 후 부모가 되는 사람은 없다. 특히나 육아는 연습할 수 있는 곳이 없다. 한 아이의 인생을 만드는 직업이 부모다. 하지만 아무런 준비도 연습도 없이 부모 역할은 시작된다. 나도 그랬다. 내 인생 하나 챙길 여력도 갖지 못했을 때 아이가 태어났다. 아내는 유아교육을 전공하고 유치원 교사생활을 했지만 육아에서 한 발 뒤로 물러났다. 울며 겨자 먹기로 시작한 것이 육아다. 처음엔 서툴렀지만 자충우돌 부딪히며 17년 동안 함께 한 덕분에 아이의 마음을 알게 되었다.

엄마가 하는 자녀교육과
아빠가 하는 자녀교육

완벽한 자녀교육은 없다. 독박육아도 힘들다. 편부모 가정이라면 어쩔 수 없지만 아빠가 참여할 수 있다면 함께 하는 것이 좋다. 아빠와 남자는 다르다. 엄마와 여자 또한 다르다. 남자와 여자일 때 몰랐던 것이 아빠와 엄마가 되면서 새로운 사실을 경험한다.

육아!

엄마 마음이 굴뚝같아도 몸이 따라주지 않을 때도 잦다. 반면에 아빠는 실행력은 있으나 이론적으로 약하다. 육아는 엄마의 정보력과 아빠의 실행력이 적절한 조화를 이룰 때 시너지가 난다. 물론 엄마가 아빠의 실행력까지 갖췄거나, 아빠가 엄마의 정보력까지 지녔다면 좋으련만 그런 가정은 흔치 않다.

전교 1등은 단 1명뿐이다. 그러니 2등부터 300등까지는 패배자라는 생각은 옳지 않다. 학창 시절 꼴찌만 하던 아이도 자신의 꿈을 이루고 경제적으로 안정된 삶을 누리고 있는 사람들이 부지기수다. 부모 입장에서 어렵지만 욕심을 내려놓고 한 발 뒤로 물러서면 자녀교육은 어렵지 않다.

성공적으로 자녀교육을 한 부모들은 자신의 삶을 사랑하고 많은 일을 아이와 토론으로 키운다. 엄마가 육아를 하면 정서적으로 안정되고, 아빠가 참여하면 사회성과 도덕성을 키울 수 있다. 하지만 이것 역시 이분법으로 나누면 곤란하다. 강연에서 주로 하는 말이지만 남자아이는 여자아이처럼 키우고, 여자아이는 남자아이처럼 키우라고 말한다. 남자아이가 할 수 있는 일과 여자아이가 할 수 있는 것을 나누면 다양한 경험이 어렵다.

첫 임신을 하면 부모는 출산 육아 서적을 사들이기 시작한다. 몇 개월 때는 어떻게 먹이고, 단어는 몇 개를 알아야 하고, 성장하는 속도가 책과 조금이라도 벗어나면 인터넷 커뮤니티에 글을 올려 내 아이 성장이 다르다며 크게 호들갑을 떤다. 새벽까지 인터넷을 뒤지다 피곤한 몸으로 아침을 맞이하지만, 오히려 너무 많은 정보가 난무하니 갈피를 잡지 못한다.

　몸집이 엄마보다 커졌고 사춘기가 시작된 큰 아이가 초등학교 고학년이 되자, 게임 때문에 엄마에게 반항을 했다. 수차례 타일러 보았지만 사춘기 아이는 귀를 닫았다.

　회초리 맞을 나이는 지났지만 회초리를 들기로 했다. 그리고 아이 종아리와 내 종아리를 함께 걷었다. 나는 아이 종아리 대신 내 종아리 3대를 힘껏 내리쳤다. 아이는 자신의 종아리가 아닌 아빠 종아리가 붓는 것을 봤다. 자신의 잘못된 행동에 부모가 상처를 입을 수 있다는 걸 깨닫고는 무척이나 많이 울었다. 아이는 이날 흘린 눈물로 더 이상 부모 마음을 아프게 하지 않았다. 아이의 잘못으로 부모가 아플 수 있다는 사실을 알게 된 것이다.

　모든 아이는 부모를 사랑한다. 대한민국 아이들은 다른 나라 아이들보다 효심이 깊다. 사랑하는 부모를 위해 학원에 다니고 수학 문제를 풀고 영어 단어를 외운다. TV에서 '왜 영어학원을 다녀?'라고 묻는 기자의 질문에 '엄마가 좋아해요.'라고 답하는 아이를 보면 뭔가 한참 잘못된 느낌이다.

　부모라면 자녀교육에 원칙을 세워야 한다. 기분에 따라 육아를 하면 아이는 꽃을 피우기 전에 꺾이거나 시들어버린다.

첫째, 아이는 자기 인생을 누릴 수 있는 고유한 인격체임을 인정해야 한다. 부모 마음대로 학원이나 진로를 결정하기보다 대화를 통해 스스로 결정할 수 있게 도와야 한다.

둘째, 친구와의 관계가 원만할 수 있게 해야 한다. 아무리 잘난 사람도 더불어 사는 세상이다. 자기만 알고 배려할 줄 모르는 삶은 불행을 자초한다.

셋째, 다양한 경험과 대화를 통해 아이의 재능을 찾아야 한다. 책을 통해 이론으로 배우고, 몸으로 부딪히고 경험하면서 자신이 잘하는 것으로 직업으로 삼도록 해야 한다.

넷째, 1등 하는 아이가 있는 가정이 행복할 거라는 생각은 착각이다. 한 달에 수백만 원씩 쏟아붓고 정작 부모는 아무것도 하지 못하는 인생은 얼마나 어리석은 짓인가!

다섯째, 친구와 다퉜을 때 내 아이라고 편을 들고 과잉보호를 하면 안 하무인이 된다. 그 피해는 늙은 부모에게 부메랑이 되어 돌아온다. 잘잘못을 가려 내 아이라도 잘못이 있다면 알려줘야 한다.

여섯째, 부부는 서로의 지원군이 돼야 한다. 어른이라고 모든 생각과 행동이 맞지 않다. 배우자의 행동과 말이 다를 경우 따뜻한 조언이 필요하다. 아이를 잘 키우려고 시작한 일이 부부간 감정싸움으로 번지기 때문이다.

일곱째, 아빠가 잘할 수 있는 놀이와 운동으로 소통해야 한다. 아빠만이 해줄 수 있는 게 반드시 존재한다. 아빠의 권리도 소중하지만 의무를 다할 때 아이들에게 존경받는다.

여덟째, 모든 교육의 출발은 가정이다. 부모가 하는 모든 행동과 말은 아이의 생각과 말을 지배한다. 호박 줄기에서는 결코 수박이 열리지 않는다.

아홉째, 육아의 기본은 사랑과 관심이다. 아이에게 무엇을 해줘야 할지 모르겠다는 아빠가 많다. 아이에게 관심을 가지면 길은 보인다. 관심을 가지면 좋아하는 것, 잘하는 것, 싫어하는 것, 칭찬해야 하는 것, 고쳐야 할 것들이 보인다.

열 번째, 생각이 열려 있는 부모가 돼야 한다. 인생은 선택의 연속이다. 어린아이의 판단이 미숙한 건 당연하다. 제대로 된 판단을 하고, 아이가 선택할 수 있도록 하고, 결과도 아이가 책임져야 한다는 것을 일깨워 준다. 그로인해 잦은 실수와 실패를 할 것이다. 하지만 실패를 일찍 경험한 사람에게는 더 많은 기회가 주어진다. 부모가 한발 물러나 기다리면 아이는 점차 제대로 된 선택과 결정을 내린다.

열한 번째, 아이에게 실수했을 때 사과하는 용기가 필요하다. 부모의 스승이 아이일 때도 있다. 부모의 부족함을 인정했을 때 아이는 많은 것을 배운다. 자신도 틀릴 수 있다는 사실, 친구들에게 자신의 주장만 내세우지 않고 들어줄 수 있는 큰 그릇이 된다.

한꺼번에 할 수 없는 일

당신은 시간도 없고 육아가 힘들다고 변명할 수도 있다. 그리고 당신은 아이를 잘 키우고 싶다고 말할 수도 있다. 하지만 이 둘을 한꺼번에 할 수는 없다.

인생을 살면서
상처를 가장 많이 주는 사람은,
친구도 교사도 아닌 부모다.
부모가 자식을 비교하면 비교 당한 자식은 상처를 입는다.
부모는 잘되라고 한 말인데 아이는 큰 상처를 입는다.
아이들의 감정과 행동은
어른들처럼 통제가 되지 않는다.

어른도 그런 과정을 거쳤기에 지금의 자리에 있다.
아이가, '친구 아빠가 전문직이라 부럽다'고 하면
부모의 가슴은 찢어진다. 아이도 마찬가지다.
다른 아이와 내 아이를 비교하는 것 만큼
잘못된 습관도 없다.

나도 처음에는
구경하는 아빠였다

신혼 시절, 사과를 깎지 못하는 나를 보고 아내는 깜짝 놀랐다. 본가에서 사과는 물론 설거지 한 번 하지 않았다. 물론 내가 하려고 해도 모친께선 굳이 못 하게 하셨다. 그게 당연한 건 줄 알았다. 그런 내가 목도 가누지 못하는 아기를 안을 때의 요령, 목욕물 온도 맞추는 법까지 하나하나 배웠다. 아이가 추울까 봐 전기장판에 올려놔 온몸에 땀띠가 번져 괴로워했다. 미안해서 쥐구멍에라도 숨고 싶었다. 나 역시 출산 육아 책을 끼고 살았지만 아이는 책대로 성장하지 않았다. 육아서적은 단지 참고만 해야지 신봉하면 곤란하다는 걸 머지않아 깨달았다.

"여보! 아기 왼쪽에 앉아요."

"왜?"

"아기들은 머리가 물렁해 한쪽으로만 누워 있으면 머리가 안 예뻐요.

내가 왼쪽으로 옮겨 누우니 목도 가누기 힘든 아이가 고개를 돌려 아빠를 쳐다봤다. 아빠가 오른쪽으로 가면 또다시 고개를 아빠쪽으로 돌렸다.

"여보, 아기 입에 물들어가지 않게 잘 안고 있어요."

"내가 안아?"

"그럼 나 혼자 해요?"

"어떻게 안으면 되는데?"

자그마한 아기를 손에서 놓칠까 목욕시키는 것조차 쩔쩔매던 시절이 있었다. 아내는 그런 나를 조련사처럼 훈련했다. 조금씩 익숙해지니까 그리 힘들지 않았다. 어쩌면 내 적성에 딱 맞는 느낌도 들었다. 살면서 아내의 칭찬을 많이 들었다. 잘하고 있다고.

아들이 둘이 있는 집 남편은 큰아들 같다고 한다. 칭찬은 고래도 춤추게 한다고 아내에게 들은 칭찬은 내가 육아를 적극적으로 참여할 수 있게 만드는 힘이었다. 누군가 말했다. 성공하는 사람은 이미 성공한 것처럼 칭찬의 말을 하고, 실패하는 사람은 성공한 사람에 대해 비난만 한다고.

아이 역시 부모가 칭찬하면 칭찬받을 일을 하고, 부모가 아이를 비난하면 아이는 비난받을 일을 했다.

강연을 가 보면 일찍 왔는데도 불구하고 맨 뒷자리에 앉는 부모들이 있다. 이왕 들을 강연이라면 앞쪽에 앉아 적극적으로 청취하고 궁금한 점은 질문도 해야 하는데, 뒤쪽에 있다가 재미없으면 나가야지라는 생각을 한다. 아내가 아플 때 아이를 안고 자녀교육 강연장에 가면 나는 항상 앞자리에 앉았다. 조금이라도 강사와 가까우면 강사의 손짓과 몸짓을 느낄 수 있을 것 같아서였다.

이런 적극적인 삶을 살기 시작한 건 아이가 태어나면서부터다. 아이가 내 삶의 터닝포인터가 되었다. 내 결정이 나뿐만 아니라 아이의 소중한 삶과 연관 있다고 생각하니 신중할 수밖에 없었다. 삶에 방관자 입장에서 삶의 주인공으로 바뀌는 순간이었다.

아이들은 어린이집과 유치원 2년, 초중고 12년, 대학교 4년을 졸업하고도 무엇을 해야 하는지 모른다. 어른들이 공부하라면 했고 멈추라고 하면 멈췄고 뛰라면 뛰었다. 자기 스스로 공부하고 싶은 적도 없다. 멈추고 싶지만 슬퍼할 부모를 위해 멈출 수가 없었다.

심장이 터질 것 같지만 여기서 멈추면 부모가 연을 끊는다고 한다.

　내 지인 중에 시아버지가 의사인 사람이 있다. 그분은 아들이 둘인데 최고의 직업이 의사라며 의사 만들기에 매진했다. 그러나 큰아들은 의사가 되었지만, 둘째 아들은 자살을 택했다. 큰아들에 이어 둘째도 의사가 되기를 바랐지만 둘째는 아버지의 기대에 부족한 자신을 채울 수 없어 극단적인 선택을 했다. 그런데 그 시아버지가 손자들까지 의사로 만들겠다고 팔을 걷고 나섰다. 드라마에나 나올 얘기다. 육아에서 지나친 간섭은 구경하는 것보다 언제나 더 못한 결과를 낳는다.

세상 공평한 육아

자녀교육에 성공하려면 부모가 준비된 부모라야 한다. 임신 때부터 좋은 부모가 되기 위해서 노력하는 부모와, 술 마시기 좋아하고 아이도 방치하며 키웠는데 똑같은 결과가 나온다면 세상은 분명 잘못됐다. 다행히 열심히 운동한 선수가 홈런을 치듯, 준비된 부모가 좋은 열매를 맺는다.

홈런은 운이 좋은 선수가 아니라 준비된 선수가 치는 것이다.

<로저 마리스 >

더 이상 엄마를 맹신하는
아빠가 되지 말 것

영재발굴단 94회 '아빠의 비밀' 편에 출연하면서 다른 출연자들의 아빠를 살펴보았다. 그들 대부분 아이의 습관이며 좋아하는 음식과 운동, 여자 친구 이름과 초등학교 절친 이름까지 줄줄 외웠다. 하긴, 아이에게 조금만 관심을 가지면 알 수 있는 것들이다. 아이가 아빠에게 바라는 것은 비싼 장난감이나 비싼 학원이 아니다. 친구와 싸우고 이야기할 상대다.

엄마에게 야단맞을 일이 아니었는데 야단맞았다. 아빠에게 위로받고 싶은 거다. 공부를 열심히 하고 싶은데 여자 친구 문제로 공부에 집중할 수 없는 거다.

평소에 관심을 가지고 아이와 소통했다면 이런저런 문제로 아빠를 찾는다. 하지만 이런 상황에서 부모와 소통이 없던 아이는 혼자서 고민하거나 가출을 선택한다.

나는 지금도 나이를 더 먹기 전에 아이와 많은 걸 해 보고 싶다. 세상에 없는 놀이도 함께 해보고, 누구나 즐기는 체험도 하고 싶고, 조용한 곳으로 여행도 가고 싶다. 사춘기가 되면 해보고 싶어도 할 수 없다. 아이들이 언제나 그 자리에 있을 거라 생각한다면 착각이다.

'아빠가 진급하면 놀아줄게 기다려'라고 말하지만 아이는 더 이상 놀이에 관심 없다. 세상에서 제일 빠른 것이 세월이다. 인간이 살면서 가장 불행한 것 중에 하나는 자녀가 성장하는 모습을 보지 못하는 것이다. 세상은 내 아이가 살아갈 만큼 아름답지도 정의롭지 못할 수 있다. 그런 곳에서 상처받지 않고 빛이 되는 어른으로 성장할 수 있도록 아빠의 관심이 필요하다. 아빠의 생각이 아이의 생각이 되고, 아빠의 말이 아이의 말이 되고, 아빠의 행동이 아이의 행동이 된다. 인생을 가장 의미 있게 살 수 있게 알려줄 적임자는 바로 아빠다.

대한민국 아빠들은 대한민국 아내들을 맹신한다. 자녀교육에 있어서 이것처럼 위험한 생각은 없다. 나는 유아교육학과를 전공하고 유치원에서 4년간 근무한 내 아내도 믿지 않는다. 아니 믿을 수 없다. 가지고 있는 이론과 아이의 행동은 일치되지 않는다는 걸 아이가 성장하면서 확실히 봤다.

아이를 임신하면 누구나 모든 정성을 다해 아이를 키우겠다고 마음먹는다. 하지만 4살이 지나면 아이는 자기주장이 강해지고 엄마의 주장과 맞서기 시작한다. 우리 집이라고 다르지 않았다. 아이와 함께하는 게 좋을 때가 더 많지만 24시간 중에 1시간 정도는 최악이다. 이유 없이 몇 시간을 울면 사람 제대로 미친다. 하지만 아이에게 관심을 가지니, 아이가 무엇 때문에 우는지 알 수 있었다.

아이가 우는 이유는 수십 가지다. 잠을 덜잔 경우, 먹고 싶지 않은 이유식을 권했을 경우, 열은 없지만 목이 부어 아프기 시작한 경우 같은 일이다. 눈에 보이지 않는 울음에 대해 파악하려면 지속적인 관심이 필요했다.

한류열풍이 세계를 강타하면서 스타가 되고 싶어 연예기획사로 들어가려는 아이들이 200만 명이나 된다. 아이가 연예인이 되고 싶다고 하면 부모는 마땅히 그 뜻을 존중해야 한다. 아이가 연예인

중에 어떤 분야에 관심이 있는지 알아보고, 관련 정보를 찾아내 아이의 재능과 맞는지 체크해봐야 한다. 끼가 있는지 대중 앞에서 청중을 사로잡을 가능성이 있는지 가늠해 봐야 한다. 아이가 끼가 없어도 의지만 있다면 넘을 수도 있다.

세상을 정복하거나 그렇지 않거나, 성공하거나 실패하는 사람은 의지가 있는 사람과 없는 사람으로 구분될 뿐이다.

부모는 아이가 꿈꿀 수 있도록 관심과 용기를 주는 역할 외에 한 발 뒤로 물러서 있어야 한다. 아이들은 며칠 만에 다른 꿈으로 바뀔 가능성이 높다. 마음은 하루 오만가지 생각을 한다. 그 오만가지 생각 중에 자신의 미래까지 몇 번을 오고 간다. 그러면서 생각이 성숙해 간다.

아이들은 실수를 자주 한다. 그런 실수는 어른이 되는 과정이다. 우유 몇 번 쏟았다고 아이의 인생이 망가지는 게 아니다. 아이는 우유를 쏟으면서 다음부터는 조심해야겠다는 경험을 얻는다.

"내가 미치겠다. 빨리 마시라니까 그새 우유를 쏟았네. 너 때문에 내가 죽든지 해야겠다."

"우유 쏟았구나. 괜찮니? 차갑지 않아? 얼른 옷 갈아입자."

부모라면 후자를 해야겠지 생각하면서, 실제로 눈앞에서 우유가 쏟아져 전기 콘센트 근처까지 흘러가면 감정이 앞선다.

아이는 말 그대로 사고뭉치다. 언제 터질지 모르니 예상하면 충격이 적다.

우리 집 가정 경제가 어떻게 돌아가는지 아이들은 하나도 빠짐없이 알고 있다. 아빠가 하는 일이 어려울 땐 어렵다고 말하고 양해를 구한다. 아빠라고 모든 일을 잘할 순 없다고 솔직히 이야기한다. 어린아이라도 그게 무엇을 의미하는지 알고 행동한다.

사실 경제적으로 자유로운 날보다 그렇지 않은 날이 더 많았다. 두 아이에게 아빠가 지원해줄 수 있는 건 고등학교까지라고 말했다. 자기 인생은 스스로 책임져야 한다는 의미와 독립성을 키워주고 싶었다. 이런 생각을 지닌 아빠가 야속할 수도 있지만 아이를 위한 최선의 방법이라 생각한다.

가출 28만 명

지금 이 순간 가출 청소년이 28만 명이다. 28만 가정은 아이를 찾고 있거나 자녀교육으로 갈등을 겪고 있다. 친구 문제로, 공부하기 싫어서, 부모의 이혼 문제로 가출하는 경우다. 특히 부모와 소통이 되지 않아 가출하는 경우가 제일 많다. 부모는 앞만 보고 공부하라고 하는데 아이는 그런 부모를 이해할 수 없다. 부모는 아이를 1등으로 만들고 싶은데 아이는 그냥 평범하게 살기를 원한다. 부모가 자식을 이해하지 못하고 자식도 그런 부모의 마음을 헤아리지 못하면 결국 가출이나 자살을 선택한다. 조금만 시간이 흐르면 아무것도 아니다. 가출이나 자살까지 갈 일은 더더욱 아니다. 아이가 힘들면 그늘이 돼줘야 하는데 물 한 모금 없이 사막으로 내몰고 있다. 아이가 부모를 이해해줄 거라 착각 때문에 이 사단이 벌어지고 있다. 과도한 과잉보호와 학원 스케줄이 진정 아이를 위한 선택인지 생각해야 할 때다.

아이에게 가장 많은
상처를 주는 사람은 부모다

　인생을 살면서 상처를 가장 많이 주는 사람은, 친구도 교사도 아닌 부모다. 부모가 자식을 비교하면 비교당한 자식은 상처를 입는다. 부모는 잘되라고 한 말인데 아이는 큰 상처를 입는다. 아이들의 감정과 행동은 어른들처럼 통제되지 않는다. 어른도 그런 과정을 거쳤기에 지금의 자리에 있다. 아이들은 저마다 타고난 성향이 있기 마련이다. 의도적으로 부모가 바꾸려고 하면 충돌만 있을 뿐이다. 아이가, '친구 아빠가 전문직이라 부럽다'고 하면 부모의 가슴은 찢어진다. 아이도 마찬가지다. 다른 아이와 내 아이를 비교하는 것 만큼 잘못된 습관도 없다.

전문직 부모만 해줄 수 있고 평범한 부모는 불가능한 육아는 없다. 아이에게 가장 필요한 건 따뜻한 대화다.

책과 놀이는 아이와 소통할 수 있는 최고의 도구다. 책은 수백만 개의 이야기로 가득하다. 내 경우는 아이와 함께 놀기 위해 150가지 놀이를 익히고 만들었다. 처음에는 '한 가지만 만들어 놀자'라고 생각을 했다. 하지만 '더 재미있는 방법이 없을까?'에 관심을 가지니 한 가지 놀이가 두 가지가 되었고, 두 가지 놀이가 4가지로 늘어났다. 그래서 아빠에게 필요한 건 아이와 함께 놀겠다는 마음과 관심이다. 슈퍼대디란 없다. 슈퍼관심이 필요할 뿐.

사춘기는 누구나 겪는다. 훌륭한 위인들도 사춘기를 지나왔고 내 아이도 겪을 사춘기다. 부모는 알아야 한다. 사춘기에 접어든 아이는 부모의 모든 말에 행동을 달리한다는 것을.

사춘기 때는 공부보다 다른 데 관심이 더 간다. 비밀을 감추기 위해 거짓말도 남발한다. 부모는 관심이라고 생각하지만 아이는 간섭이라 생각하고 부모와 대립한다. 이 시기에 부모가 해줄 수 있는 건 아무것도 없다. 그냥 내버려 두는 수밖에.

이 시기는 벌집과 같다. 건드리면 죽자고 달려든다. 맛있는 밥을 완성하기 위해서는 뜸 들이는 시간이 필요하다. 궁금하다고 뚜

껑을 열어보면 원하는 밥맛은 물 건너간다. 사춘기는 이런 시기다. 궁금하지만 기다려야 한다. '맛있는 밥이 완성되었습니다.'라는 메시지가 나오기까지 참고 기다려야 한다.

맞벌이 가족의 아침, 자투리 시간 30분

전국에 맞벌이 가정이 500만이다. 맞벌이 부모들은 여러모로 자녀교육에 불리한 점이 많다. 아침 일찍 출근하고 저녁 늦게 퇴근하니 아이에게 투자할 시간이 상대적으로 적다. 하지만 방법은 있다. 자투리 시간 활용이다. 아침에 일어나 생활영어로 아이를 깨우고 일과 중이라도 집에 있는 아이와 통화로 일정을 관리한다. 부모가 하루씩 번갈아가며 일찍 퇴근해 아이를 챙기는 것도 좋다. 대한민국 아빠들도 출산휴가를 장려하기 시작했다. 걸음마 수준이긴 하지만 머지않아 정착되리라 예상한다.

아들 키우기
힘든 세상

남자아이는 선천적으로 뇌 구조가 다르다. 8세 기준으로 남자아이들은 전두엽을 포함한 대뇌피질의 부피가 여자아이들보다 작고, 성장 속도도 여자아이들보다 느리다. 여자아이들은 학습을 받아들이는 속도나 표현 능력이 높다. 미국 사우스캐롤라이나대학교 연구진에 의하면, 여성 1만 1,166명을 대상으로 출생부터 사망까지 분석한 결과, 아들을 키우는 엄마의 평균수명은 딸을 키우는 엄마보다 짧았다. 그래서 아들 키우는 집 아빠는 육아에 적극 참여해야 한다.

'남저 여고' 현상은 이제 흔히 볼 수 있는 광경이다. 전교 상위권

은 대부분 여자아이다. 초등학교 여교사가 77%다. 중학교 여교사
는 69%다. 남자아이들이 수업에 분리한 이유 중에 하나도 여자 교
사의 말을 잘 이해하지 못해서다. 두 아들을 키우는 입장에 안타깝
지만 다양한 통계 덕분에 길이 보인다.

  백화점에 남녀 커플이 방문했다. 핸드백 코너에서 여사 친구기
'저 가방 정말 예쁘다'라고 하면 남자는 가방이 예뻐서 예쁘다는
건지, 사달라는 건지 파악이 안 된다. 여자의 이런 숨은 뜻을 파악
하지 못하는 남자들이 많기 때문에 불쌍하게도 경쟁에서 점점 밀
려나고 있다.
  하지만 아들 가진 부모들이 위로받을 수 있는 통계도 있다. 전
세계 CEO 95%가 남자라는 사실이다.

  아빠가 참여하면 아들은 달라진다. 아들이 느린 행동을 하면 정
신적, 육체적 발달이 늦다는 것을 받아들이고, 성적이 낮으면 대기
만성형이라 생각하기로 하면 마음이 편하다. 모든 것을 내려놓고
저만치 떨어져 아이를 키우면 문제 될 건 전혀 없다.

100명 중 5명만 취직

미래학자들이 내놓은 통계를 보면 정규직에 취직하는 사람이 100명 중 5명이다. 미래가 암울한 통계지만 취직이 전부가 아니다. 약간만 눈을 돌리면 길이 보인다. 유럽은 대학교 전교 성적이 상위권일수록 취직보다 벤처를 선호한다. 하위권 성적을 가진 졸업생들이 오히려 취직을 한다. 우리와는 정반대다. 취직해서 먹고만 사는 것보다는 '인류를 위해 더 큰 일을 준비하는 것이 어떨까'라는 생각이 든다. 치킨이나 피자집, 커피숍 창업을 말하는 게 아니라, 세상에 없는 새로운 아이디어로 다른 세상을 열자는 말이다. 미국의 구글, 페이스북처럼.

가정에 있는
한 명의 아버지는
밖에 있는
백 명의 스승보다 낫다

주말에 잠깐 아이와 놀아준 거로
아빠의 도리를 다했다고 착각해서는 안 된다.
아빠는 엄마를 믿고 돈만 벌면 될 줄 알지만,
시간이 지나면 깨닫는다. 우리 집의 왕따는 '나'라는 사실을.

부모와 아이의
동상이몽

'가정에 있는 한 명의 아버지는 밖에 있는 백 명의 스승보다 낫다'는 말이 있다. 역으로 백 명의 교사가 유익한 말로 지도를 해도 타락한 아버지 밑에서 자라는 아이는 성공하기 어렵다는 말도 된다. 훌륭한 엄마라도 아빠의 역할을 대신할 수 없는 게 있다.

엄마가 보여줄 수 없는 것, 비단 신체뿐 아니라 언어와 행동에서 많은 부분 다른 게 사실이다. '화성에서 온 남자 금성에서 온 여자'라는 책처럼 서로 가진 다른 특성을 이해해야 한다. 하지만 대개 상대를 이해하지 못하고 생각이 다르다는 이유로 싸움이 시작된다.

모처럼 주말이다. 도서관을 방문한 지 꽤 오랜만이다.

"오늘 토요일이라서 아빠는 도서관 가고 싶은데 갈래?"

"전 오늘은 집에서 쉬고 일요일에 가고 싶은데요."

하루를 더 기다렸다. 일요일이 되었지만 아이는 가고 싶지 않은 눈치였다. 게임의 유혹을 떨치기 힘든 모양이다. 하지만 어제 약속했기에 따라나섰다. 아내가 도서관에 가는 목적은 아이가 수학 문제를 풀게 하기 위해서였고 나는 함께 도서관 가는 게 그냥 좋았다.

집을 나서면서 아내는 수학 참고서를 사야 한다며 서점에 들렀다. 아내는 2권의 수학 문제집을 구입하고 아이는 게임 관련 책을 사달라고 했다. 요즘 한참 빠져 있는 게임이 전략과 전술이 책으로 나온 모양이었다. 온라인서점에 마일리지가 많으니 사주겠노라 약속하고는 아이를 데리고 나왔다.

도서관에 도착한 우리는 서로 다른 목적을 가지고 왔다. 아이는 도착하자마자 서점에서 본 게임 관련 서적을 검색했다. 아내는 수학 문제부터 풀라며 문제집을 펼쳤다. 그리고 필통을 열어 본 아내는 기겁했다. 필통엔 3자루의 연필이 있었지만 심이 하나도 없었다.

"도서관에 수학 문제 풀려고 오는 학생이 연필이 이게 뭐니?"

아이는 도서관에 올 마음이 없었다. 더욱이 도서관에서 수학 문제를 풀 생각은 처음부터 없었다. 그런데도 엄마의 강요에 문제집을 들고 풀겠다고 앉았으니 대견하다. 아무리 줄여도 부모와 아이의 동상이몽은 계속되나 보다.

아이는 운이 좋게 가고 싶은 중학교에 입학했다. 그래서 중학교부터 기숙사 생활을 했다. 아내는 아이가 잘 생활할까 걱정이 태산이다. 하지만 나는 긍정적인 생각이 들었다. 사춘기 시절 부모와 함께 생활하며 잔소리 듣는 것보다, 좋은 친구와 선생님들과 함께 사춘기 시절의 변화와 고민을 해결하는 게 더 낫겠다고 생각했다.

멀리 떨어져 있기에 과잉보호도 할 수 없고, 부모에 대한 애틋한 감정도 싹틀 것이다. 한 발 뒤로 물러나 아이를 제대로 볼 수 있는 계기도 될 거다. 전화가 오면 서로에 대한 안부를 묻고 격려를 주고 받을 것이다.

사춘기를 겪고 있는 아이에게 어설프게 끼어들면 부모와 관계만 나빠진다. 엄마와 아빠가 다른 점은 사춘기에 들어선 아이를 아빠는 저만치 떨어져 기다린다는 것이다. 반면에 엄마는 아이가 잘못될까 봐 온 걱정으로 아이 주변을 맴돈다.

아이가 귀찮다고 해도 엄마라서 간섭을 해야 한다. 결국 나중에 상처받는 사람은 엄마인데도 말이다. 그러나 사춘기 시절엔 언제나 아이와 적당한 거리 두기를 해야 한다. 전달할 내용이 있으면 문자나 카톡을 이용하고 아이에게 늘 관심과 사랑을 가지고 있다는 사실만 인지시켜주면 된다.

술을 좋아하는 아빠, 스트레스를 풀고 싶은 아빠들은 회식도 업무의 연장이라며 달리고 달린다. 일과 술을 더 좋아하는 아빠들은 엄마에게 육아를 맡긴다. 아빠들의 생각이 달라져야 대한민국이 변한다.

주말에 잠깐 아이와 놀아준 거로 아빠의 도리를 다했다고 착각해서는 안 된다. 아빠는 엄마를 믿고 돈만 벌면 될 줄 알지만 시간이 지나면 깨닫는다. 우리 집의 왕따는 나라는 사실을.

축구, 골프 선수 하루 1,000번

초등학생 시절에는 다양한 운동을 통해 건강한 신체를 갖는 것이 좋다. 운이 좋으면 재능을 발견할 수도 있다. 대한민국 축구선수는 하루 1,000번 이상 드리블 연습을 한다. 그에 반해 운동선수 중 연봉이 가장 많은 매시는 하루 1,000번보다 더 적은 연습을 한다. 그런데도 세계적인 선수가 될 수 있었던 건 재능 때문이다. 재능이 있으면 똑같이 연습해도 더 많은 골을 넣는다. 그러니 아이의 재능을 찾는데 부모는 최선의 노력을 다해야 한다. 남들 다 한다고 시작한 무엇이든 아이는 힘들어하고 부모는 쪽박 찬다.

3장

그저, 노력하는
모습을 보일 수밖에

독서는 인간이 가질 수 있는 최고의 무기다. 그래서 자녀에게 줄 수 있는 최고의 선물은 독서 습관이다. 아이가 1살이면 하루 1권의 책을 읽는다. 1년이면 365권의 책을 읽는다. 아이가 2살이면 하루 2권의 책을 읽는다. 1년이면 730권이다.

하루에 나이만큼만 책을 읽으면 7세까지 10,220권의 누적권 수가 쌓인다. 이 누적권수는 청소년이 됐을 때 163,520권을 편익효과로 나타낸다. 평생 책을 읽지 않고 자란 사람과 1만 권 이상 책을 읽은 사람은 사는 세상 자체가 다르다. 어쩌면 두 사람은 평생 만날 수조차 없을지 모른다. 전혀 다른 곳에 살고 있을 테니까.

아이와 멀어지게 만드는
몇 가지 아이디어

아이와 멀어지려면 아이에게 교훈적인 말을 계속하면 된다. 이보다 관계를 악화시키는 방법도 드물다. 아이가 교훈적인 말을 가지고 부모에게 '이 위인처럼 되기를 바란다'고 하면 어떤 심정일까? 역지사지로 생각하면 이해가 쉽다.

대부분의 부모가 아이를 키우는 동안 수천 번 이렇게 주문한다.

"공부 열심히 해. 그래야 좋은 대학 가서 좋은 직장 갈 수 있어." 라고 말이다.

정말 그럴까? 결론부터 말하면 결코, 절대 아니다! 아무리 공부를 열심히 하려고 해도 구체적으로 어떻게 열심히 해야 하는지 모르면 학습 효과는 기하급수적으로 떨어진다.

더 나아가 좋은 대학을 졸업하면 좋은 직장에 취직할 수 있을까? 이것 역시 결코 아니다. 서울대학교 졸업생 40%가 실업자 생활을 하고 있으니 말이다. 직장은 어떤가? 바늘구멍에 낙타 들어가듯 어렵게 입사한 직장이라도 3년을 버티기 힘든 현실이 되었다. 그러니 요즘 아이들에게 우리가 알고 있던 옛날 방식이 맞지 않는다. 오히려 지금의 부모라도 꼭 들어맞는 교육이 있다. 대게 이런 것들이다.

🌸 아이가 누군가를 미워하는 감정을 갖게 하려면, 부모가 다른 사람을 헐뜯고 미워하면 된다.

🌸 아이가 책을 싫어하게 만들려면, 부모가 책 한 줄 읽지 않는 모습을 보여주면 된다.

🌸 아이가 학교 가기 싫게 만들려면, 선생님을 험담하면 된다.

🌸 아이가 친구들과 사이좋게 지내지 않게 하려면, 아이 친구에게 관심을 갖지 않으면 된다.

❋ 아이가 좋은 인성을 가지지 않게 하려면, 양보운전은 절대 하지 말 것이며, 운전하다 앞지르는 차 옆으로 다가가 창문을 열고 가운데 손가락을 들어 보이면 된다.

❋ 학교에서 꼴찌 하기를 바란다면, 부모가 자기 일에 열정적이지 않으면 된다.

❋ 아이가 친구들과 싸우기를 바란다면. 부부가 싸우는 모습을 지속해서 보여 주면 된다. 아이들은 똑똑해서 한두 번만 보여줘도 어른이 되어 똑같은 길을 걷는다.

반대로, 아이가 제대로 성장하기를 바란다면 알려주고 싶은 것을 행동으로 보여주면 된다. 아이가 영어를 잘하기 바라면, 아침에 일어나 영어로 인사를 건네면 된다. 많이 웃는 행복한 아이를 바라면, 맞사지로 웃음을 선사하면 된다. 부모가 영어는 쉽다고 여기면 아이도 영어를 즐겁게 배운다.

예의 바른 아이기를 바라면, 경비 아저씨와 반갑게 인사를 건네면 된다.

길을 지나가던 상대가

나를 보고 스님이라고 정성스레 합장 하니

나도 정성스레 합장 인사를 합니다.

상대가 나를 보고 목례를 하니

나도 부지불식간에 목례를 합니다.

나는 상대의 거울입니다.

상대는 또 나의 거울입니다.

그래서 지혜로운 이는,

상대로부터 원하는 것이 있으면

이렇게 해달라 말하기 전에 자신이 먼저 그렇게 합니다.

– 멈추면 비로소 보이는 것들 중에

　부처나 예수님처럼 부모도 아이에게 그런 존재다. 아이를 존중하면 존중받는 아이로 성장하며, 아이를 아이로만 생각하면 아이로 머문다. 아이의 결점이 보이고 속상한 것은, 내 어린 시절 결점이 보이기 때문이다. 대한민국 엄마들은 비싼 명품이나 장난감을 더 선호한다. 남편과 자식이 마음을 알아주지 않을 때 빈자리를 채우려 그것으로 채우고 싶은 게다. 하지만 그렇게 구매한 명품은 얼마 가지 않아 후회만 될 뿐이다. 텅 빈 가슴을 채우고 싶은 부모라면 독서를 권한다. 책은 내공을 높여주는 최고의 방법이다. 내공이 높은 사람은 작은 일에 휘말리거나 흔들리지 않는다.

아이를 지키는 신데렐라법

영국에는 '신데렐라법'이란 게 있다. 자녀 학대 방지법이다. 기존 자녀 학대 방지법은 육체적 학대 방지에 주안점을 두었으나 신데렐라법은 심리적 학대 방지를 중시한다. 자녀에 대한 무관심과 폭언까지 처벌한다. 신데렐라처럼 집에서 사랑받지 못하는 것을 방지하기 위한 법이다. 신체적인 학대 못지않게 정서적 학대를 받은 아이가 더 심각한 상황을 맞을 수 있기 때문이다. 영국의 경우 아동 학대는 최대 10년형에 처해 진다.

육아 시설 등에서 벌어지는 아동학대 소식을 종종 접한다. 하지만 이것은 빙산의 일각이다. CCTV가 설치돼 있거나 동료 교사의 내부자 고발이 있을 때라야 그나마 밝혀진다.

더 심각한 사실은 아동폭력의 79.9%가 친부모에게서 일어난다는 사실이다. 가정에는 CCTV도 없다. 아동폭력을 가하는 배우자의 습관을 고치기도 어렵다. 더욱이 배우자를 고발할 경우 이혼까지 각오해야 한다. 결국, 침묵이 아이를 멍들게 하거나 사망에까지 이르게 한다.

부모로부터 사랑받지 못한 사람은 자신이 부모가 되었을 때도 사랑을 주는 법을 모른다. 사랑받지 않고 자란 아이가 성장해서 어른이 되고 그 부모가 노인이 되면 학대받는 것은 당연하다.

노인 학대 역시 대부분 자식으로 부터다. 그 고리를 끊을 수 있는 유일한 도구는 사랑이다. 사랑을 자식에게 베풀면 부모를 공경한다. 사랑을 아내에게 베풀면 저녁 반찬이 달라진다. 사랑을 남편에게 베풀면 가족을 위해 더 열심히 일을 한다. 사랑은 그 무엇보다 강력한 힘을 지니고 있다.

'오늘 하루 재미있었니?'
'친구들과 어떻게 지냈어?'
'지금은 뭐가 가장 좋아?'
'어떤 책이 재미있어?'

'하지마'
'위험해, 당장 못 내려와!'
'더러워 만지지 마'
'그만해'
'엄마 안 도와줘도 되니까 들어가서 공부나 해'

6분! by
6시간!

6분!

대한민국 아빠가 하루 동안 아이와 함께 보내는 평균 시간이다. 아빠들은 직장 때문에, 회식 때문이라고 말한다. 몇몇 엄마도 옆집 엄마와 시간을 보내느라, 혹은 살림 때문에 아이와 놀아 줄 힘이 없다고 한다. 또 누군가는 대한민국 시스템 때문이라고 말한다.

물론 모두 사실이다. 그러나 일부 인정하더라도 어쩌면 애초부터 아이와 함께할 마음이 없는 건 아닐까?

아이와 무엇을, 어떻게 놀아야 할지 모른다면서 놀이책 한 권 읽지 않는다. 공부하지 않고 성적이 잘 나오길 바라거나, 일하지 않고 돈이 하늘에서 떨어지길 바라는 것과 다를 게 없다.

이런저런 핑계로 아이들은 매일 학원 투어에 내몰린다. 대한민국 아이들은 세계에서 가장 긴 학습 시간을 보내지만, 효율 면에서는 그리 성공적이지 못하다.

사실 학원에서 1시간을 배웠어도 복습 시간이 2시간 이상 되지 않으면 온전히 자기 것이 되지 않는다. 그래서 이런 통계를 아는 학원은 수업시간에 복습까지 시킨다. 물론 처음에야 집에서도 복습을 꼭 시키라 당부했을 것이다. 하지만 하루 6분의 시간도 보내기 어려운 마당에 2시간 이상이나 되는 복습을 시키는 부모는 거의 없던 거다. 아직도 많은 부모는 아이를 학원에 온전히 맡겨 버리고 부족한 과목이 나오면 학원 탓을 한다. 그리고 또다시 다른 학원을 찾기 바쁘다.

6시간!

유럽 아빠들이 아이와 함께 보내는 시간이다. 그들은 직장보다 가정을 먼저 생각한다.

아이와 뒹굴며 놀이와 운동을 하고 책을 읽어주며 학교 숙제를 봐준다. 모국어 외에 다른 나라 언어를 함께 공부하는 일도 흔하다. 아이가 무엇에 관심을 갖고 있고, 어떤 재능이 있는지 파악하는

데 6시간을 쓰는 셈이다. 함께 하는 시간이 많으니 부족한 부분이 보일 수밖에 없다. 그 시간으로 부모는 아이에게 어떤 노력을 기울여야 할지 자연스럽게 알게 된다.

대한민국 부모와 유럽 부모의 차이는 여기서부터다.

내 경우는 아내가 아팠고 육아에서 손을 놓을 수밖에 없었기 때문에 많은 육아법을 터득해야 했다. 그렇게 여러 교육법을 알아가며 분명하게 깨닫게 된 것은 부모와 시간을 많이 보낸 아이일수록 지능이 높다는 점이었다.

대한민국 평균 지능은 105다. 유대인보다 평균 10점이 더 높다. 하지만 유대인은 미국 경제를 이끌어가는 중심에 서 있다. 맞다. 돈을 많이 버는 것과 지능은 관계가 없다. 다만 유대인들은 이큐가 월등히 높다. 이큐는 상대의 감정을 읽을 수 있는 감성 능력이다.

이큐를 높일 방법은 또래와 교감, 어른인 부모와의 충분한 대화를 나누는 일이다. 내 아이가 어른이 되어 경제적으로 자유롭게 살기를 바라는 부모 모두는 아이와 많은 시간을 보내야 한다.

하지만 부모가 닫힌 대화를 하고, 고정관념에 사로 잡혀있으며, 책의 중요성을 모르고 게임과 드라마에 빠져 있다면 차라리 아이 곁에 가지 않는 편이 나을지 모른다. 이런 부모의 습관과 영향은 직계 자녀뿐 아니라 손자에게까지 미친다.

첫째 아들이 다양한 분야에서 재능을 보이자 방송국에서 아이의 지능을 측정하고 싶다고 했다. 똑똑한 부모라 똑똑한 아이들이 태어났을 거라며 방송국에서조차 믿지 못했다. 예일대 교수님과 카톨릭대 문 수백 교수님이 개발한 후천적 지능 검사를 하자고 제안해왔다. 아이에게 검사를 설명하고 약 2시간 동안 지능을 측정해보니 아이큐가 156이었다. 그리고 부모의 노력에 의한 후천적 지능이라는 결과를 받았다. 아이큐는 선천적으로 30% 정도 부모에게서 물려받는다. 나머지 70%는 부모가 마련해주는 환경에서 조성된다. 두 아이는 평범한 부모의 DNA 30%와 후천적 DNA 70%를 물려받았다.

우리 부부는 첫째 아이가 초등학교 졸업 때까지 아이와 함께 24시간을 지낼 수 있는 직업이었다. 돈을 많이 벌지는 못했지만 아이와 온종일 함께 지내며 책 읽는 습관을 넣어 줄 수 있었고, 놀이와 운동으로 아이와 교감할 수 있었다. 덕분에 친구 같은 아빠로 초등학교 5학년까지 내 팔을 베고 잤다. 형이 팔을 베고 누우면 유치원에 다니는 둘째도 아빠의 나머지 팔에 머리를 맡겼다. 고개가 조금이라도 상대에게 기울면 난리가 났다. 두 아이 모두 잠들 때까지 본의 아니게 예수님 모습을 하고 있어야 했다. 그때는 팔이 아팠지만 이제는 두 번 다시 경험할 수 없다. 가난한 부모가 해줄 수 있는 최선의 방법은 놀이 책을 읽고 함께 뒹구는 것뿐이었다.

다양한 독서 덕분에 큰 아이는 사교육 없이 청심국제중학교에 입학했고 부모와 나눈 교감으로 친구들과 쉽게 친해지는 법을 배웠다. 기숙사 학교라서 모든 걸 아이 스스로 처리하며 누구보다 재미있게 지내고 있다.

우리나라에는 많은 신이 있다. 그 중에도 가장 강력한 신은 '내신'이다. 아이가 원하는 대학을 들어가기 위해서는 첫째도 내신, 둘째도 내신, 셋째도 내신이다.

어찌 됐건 똑같이 주어지는 공부 시간이다. 아무리 공부해도 성적이 오르지 않는 아이가 있다. 여러 이유가 있겠지만, 핵심은 공부에 대한 동기부여가 없어서다. 또는 좋아하는 분야가 다르기 때문일 거다.

어쨌든 아이가 공부에 전력 질주할 수 있는 시간은 평생에 4년뿐이다. 4년의 세월을 너무 어린 시절에 미리 소비한 경우는 고등학교에서 좋은 내신을 받을 수 없다. 부모에 의해 강제로 공부한 경우도 마찬가지다. 고등학생이 된 아이는 아침 6시에 일어나 밤 11

시까지 공부한다. 체력이 뒷받침되지 않고 자기 몸을 스스로 관리하지 못하면 건강도 잃고 성적도 잃는다. 더불어 초등학교 졸업까지 운동으로 다져진 체력은 살인적인 고등학교 시절을 무사히 넘길 수 있게 해준다.

내가 아이를 대하는 모습을 보고 주위 엄마들에게 종종 이런 말을 듣는다.

"자녀들과 연애하는 것 같아요."

나도 그 말에 동의한다. 아내와 연애하던 시절 그 느낌 그대로 아이와 지내니 말이다. 아이와 함께 있는 시간이 즐겁고 아이가 배우는 영어를 함께 공부하는 것이 즐겁고 축구와 배드민턴 치다 시간 가는 줄 모른다.

하루 6분밖에 낼 수 없는 아빠는 6시간 유럽 아빠를 흉내 낼 수 없다. 처음부터 많은 시간을 내기보다는 조금씩 시간을 계획해야 한다. 매주 3번 마시는 술을 2번으로 줄이거나 연봉이 조금 줄더라도 근무 시간이 적은 부서로 지원한다. 이도저도 안 되면 회사에서 낮잠을 자더라도 일찍 일어나 아이와 함께할 수 있는 시간을 마련해야 한다.

아이 인생을 바꾸는 밥상 대화

유럽 아빠들, 특히 유대인의 탁월성은 DNA가 아닌 밥상머리 대화에서다. 노벨 물리학상 수상자인 데이비드 그로스는 자녀의 궁금증을 풀어주는 대화 덕분이라고 말했다. 그 역시 노벨 물리학상을 탈 수 있던 이유가 부친과 나눈 대화 그리고 양육 방식에 있다고 했다.

나 역시 육아의 가장 중요한 것이 부모와의 대화라고 주저 없이 말할 수 있다. 동서고금을 막론하고 부모와 자식 사이 대화만큼 중요한 건 없다. 6분 대화하고 자란 아이와 6시간 대화하고 자란 아이는 전혀 다른 인생을 산다.

운동으로 실패와 도전을
맛보게 하라

"사회성 정말 좋네."라는 말을 듣는 아이로 키우고 싶은 건 모든 부모의 바람이다. 부모는 어떻게 그 사회성을 키워줄 수 있을까?

사회성이 좋으려면 언어발달, 인지발달, 놀이를 통한 상호작용이 되는 환경 제공이 필수다. 부모는 어린이집이나 유치원에 아이를 보내면 사회성이 발달한다고 믿는다. 긍정적인 영향을 미치는 것이 사실이다. 하지만 더 중요한 사실은 집에서 발달하는 사회성이 더 크다는 점이다.

주변 지인 중에 결혼 후 10년이 지나서야 자녀를 낳은 부부가 있었다. 어렵게 가진 아이가 얼마나 소중했을지 안 봐도 비디오다.

애지중지 기른 아이는 어느새 유치원에 들어갈 나이가 됐다. 그렇게 입학을 하고 2주쯤 지난 어느 날 유치원에서 전화가 한 통 걸려왔다. 아이가 또래와 어울리지 못한다는 선생님의 전화였다. 선생님은 아이가 놀이를 할 때 혼자만 모든 장난감을 독차지하고 친구들에게 전혀 양보하지 않으며, 함께 놀기를 거부한다고 했다.

부부는 '교사가 아이들 하나 다루지 못해 집단따돌림을 시키냐'며 교사와 유치원 아이들을 나무랐다. 부부의 얘기만 들으면 교사나 유치원 아이들이 잘못한 것 같다. 하지만 실상은 달랐다. 부부는 귀하게 얻은 아이가 원하는 장난감이면 모두 사줬다. 아무리 비싼 물건이라도 떼를 쓰고 장난감 코너 바닥에서 뒹굴면 아이는 원하는 것을 얻을 수 있었다.

결국, 아이의 이런 행동은 부모의 눈먼 사랑 때문에 일어난 일이었다. 귀한 아이일수록 제대로 성장할 수 있도록 해야 하는데 그 기회를 놓친 셈이다.

내 경우는 아이의 사회성 발달에 놀이와 운동을 활용했다. 놀이와 운동을 하며 아이와 관계가 좋아졌을 뿐아니라 놀이를 하는 동안 상대의 심리를 파악하는 능력을 향상시킬 수 있었다.

가령, 배드민턴을 가르칠 때 이렇게 제안했다.

"우리 땅에 떨어트리지 않고 5개까지 치기로 해 볼까?"

6살 아이는 배드민턴 공을 채에 맞추는 것조차 어렵다. 목표 5개를 주고받으려면 엄청난 격려가 필요했다. 어느 때는 6살 아이에게 도저히 불가능한 목표로 보였다. 며칠을 연습해도 원하는 대로 되지 않으니 우는 날도 생겼다.

"아빠, 채가 너무 길어요."

"그래? 그럼 채를 최대한 짧게 잡고 맞춰 볼까?"

아이는 수십 번을 휘둘러서야 겨우 한 번을 맞췄다. 하지만 공은 내가 받아 줄 수 없는 곳에 떨어졌다.

아이는 고개를 숙인 채 실망하는 모습이 역력했다.

"도저히 안 되겠어요."

"아니야! 와, 성공이네. 너무 잘했어."

"하지만 이제 겨우 한번 맞은 걸요? 그리고 아빠 근처로도 가지 않았어요."

"무슨 소리야! 6살짜리 애가 배드민턴 채에 공을 맞히는 건 전 세계에 네가 처음일걸."

"정말요?"

"그럼, 이제 맞추는 걸 성공했으니까 아빠에게 공이 올 수 있게 조절하면 되겠다."

아이는 아빠의 칭찬으로 자신감을 가졌다. 그리고 한 달이 지난 어느 날 5번을 오가며 치게 되는 날이 왔다. 목표를 이룬 것이다.

수백 번 넘는 실패에 '넌 그것도 못하니?', '아무래도 넌 아직 어리니까 배드민턴은 나중에 배워야겠어.'라고 말하면 아이는 자신의 한계를 넘어 설 기회를 잃어버리고 만다.

6살 아이는 생각이나 행동이 서툴 수밖에 없다. 하지만 도전하는 그 자체만으로 칭찬하고 격려하면 아이는 자신감과 자존감이 형성된다. 또한 자신의 실수에 대해 어른인 부모가 여러 가지 다른 좋은 방향으로 얘기를 해주니 실패를 두려워하지 않게 된다.

이런 경험은 훗날 친구를 대할 때 친화력을 발휘하는 성품으로 자리 잡는다.

배드민턴이 단순한 운동 같지만 아이와 서로 주고받기까지는 몇 년이 소요됐다. 누군가는 아이가 '초등학생이 될 즈음 배드민턴을 시작하면 단시간에 지금보다 잘할 수 있을 텐데요!'라고 했다. 물론 초등학생이 된 다음 운동을 시작하면 힘이 있어 유리하다.

하지만 조금 어린 나이에 시작하면 서툴러도 신체 발달과 두뇌 발달이 되고 상대와 교감을 배울 수 있다. 어릴 때 도전하는 습관을 들인 아이는 실패를 두려워하지 않는다.

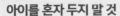

아이를 혼자 두지 말 것

사회성이 좋은 아이는 누구와도 빠른 시간에 친해진다. 또한 많은 사람을 만나는 것을 좋아하고 자신이 하는 일에 주도적이며 리더십을 가지고 행동한다. 부모와 함께 하는 놀이와 운동은 신체는 물론 두뇌까지 발달시킨다.

열심히 공부시키는 목적은 결국 성공적인 인생을 살게 하기 위해서다. 성공에는 두 가지가 필요하다. 첫째 독불장군이 아닌 다른 사람과 원만하게 지낼 수 있는 사회성이다.

둘째는 과제집착력이다. 문제를 해결할 때까지 물고 늘어지는 힘이다. 이 힘이 바로 운동을 통해 길러진다.

부모와 관계가 좋은 아이는 사회성 좋은 아이로 성장하고, 부모와 관계가 나쁜 아이는 사회성마저 나쁘게 성장한다. 결국 아이의 성공적인 삶은 어린 시절부터 부모와 함께하며 올바른 인간관계를 만드는 법을 배우는 데 있다.

혼자 있는 시간이 많은 아이는 게임의 유혹에 빠질 가능성이 높다. 미국 코네티컷주 초등학교 총기 학살범 애덤 랜자는 수천 달러어치의 잔인한 폭력 게임을 즐겨했다. 랜자의 친척들은 랜자가 혼자 침실에서 몇 시간씩 폭력게임을 즐겼다고 말했다. 결국 혼자서 잔인한 게임을 하도록 방치한 결과다.

육아의 지속성이
떨어질 때

　길을 걸으며 길게 뻗은 1m 길이의 담을 보고 아이는 올라서 걷고 싶어 한다. 모든 아이는 높은 곳에 오르기를 좋아하게 마련이다. 제지할 틈도 주지 않고 아이는 훌쩍 뛰어올라 버린다. 이런 상황에서 부모의 반응은 대게 이렇다.

　"너 죽으려고 환장했니? 어서 안 내려와?"

　엄마의 불호령에 깜짝 놀란 아이는 급히 내려온다.

　"한 번만 더 올라가면 혼날 줄 알아. 그러다 다치면 어쩌려고 그래!"

　이때, 아이는 속으로 이렇게 생각한다.

'재미있을 것 같아. 나중에 혼자 와서 올라가 봐야지.'

이럴 때 차라리 부모가 있는 곳에서 경험시키는 편이 낫지 않을까? 오히려 일어날 수 있는 다양한 위험에 대해 이런저런 설명을 해 줄 수 있지 않을까?

"저 뛰어내릴게요. 잡아줘요."

"그래, 조심해서 뛰어."

아이는 부모를 믿고 품으로 뛰어내린다. 반복을 좋아하는 아이는 부모의 품으로 몇 번이고 다시 뛰어내린다. 부모는 뛰어내리는 아이를 위해 언제나 그 자리에 서 있다. 그렇게 신뢰를 주고받으며 위험을 경험시킬 수 있는 것이다.

"형은 어릴 때 신발이 닳지 않았다고 하던데 사실이에요?"

"그게 무슨 말이니?"

"엄마가 그랬어요. 형은 아빠한테 안겨 다녀서 신발이 필요 없었대요."

"형 덕분에 한의원을 자주 다녔지."

"왜요?"

"근육이 뭉쳐서 침 맞으러 자주 다녔거든."

큰 아이와 터울이 커, 10년도 넘은 일이라 까맣게 잊고 있었다.

유독 아빠를 따르던 첫째 아들은 아빠 몸을 나무 타듯 오르내렸다. 휴일이면 온종일 아이와 붙어 있었으니 꼼짝없이 나무가 돼줘야 했다. 때론 사람들은 내게 묻곤 한다. 아이를 위해 아빠 인생의 많은 부분을 희생한 걸 후회하지 않느냐고.

하지만 엄밀히 말해 우리는 돈이 없어서 아이를 어린이집에 보낼 수 없었다. 가진 것이라고는 함께 보낼 수 있는 시간뿐이었다. 아이가 어제 가 본 계백장군 묘를 한 번 더 가고 싶다고 하면 차를 몰았고, 한 달 전에 본 비행기가 보고 싶다고 하면 공항으로 차를 몰았다. 아이를 영재로 만들겠다는 생각은 단 한 순간도 하지 않았다. 나중에 알게 된 사실이지만 그 모든 시간이 아이를 영재로 만드는 시간이었다.

사랑하는 사람과 함께 한다는 건 축복이다. 미워하는 사람과 함께 한다는 건 재앙이다.

부모가 이것저것 아이에게 해주는 일이 축복을 내리는 것 같아도 아이는 재앙으로 여길지 모른다. 제대로 된 대화법을 모르는 부모가 말로 아이에게 지속적인 상처를 주듯 말이다.

부모는 그냥 옆에 있는 것 자체로 아이의 심리를 안정시키고 아이를 기쁘게 만드는 존재다. 아이와 함께 하는 시간이야말로 최고의 선물이다. 육아는 잠깐하고 끝나는 일이 아니다. 죽을 때까지 하는 것이 육아다. 그러니 부모가 즐기지 않으면 오랫동안 할 수 없다. 아이를 훌륭하게 키우고 싶어서 새롭게 뭔가를 시작해도 지속성이 떨어질 때 아이는 병들게 된다.

'너의 미래를 위해 이것저것 열심히 해야 해'라는 추상적이고 비현실적인 충고에 아이는 귀를 닫는다.

부모의 사랑은 기적을 일으킨다. 아이의 마음을 읽고 나눈 대화는 아이를 훌륭하게 성장시킨다. 학원 교사와 문제를 풀면서 나눈 대화와 질적으로 다르다. 그러니 아이가 성장하기 전에, 부모가 나이가 들기 전에, 서로에 대한 사랑을 확인해 두어야 한다.

부모의 말 한마디는 아이의 인생을 송두리째 바꿀 위력을 지니고 있다. 훗날 부모가 말을 하지 않아도 아이는 부모의 마음을 읽을 수 있어야 한다. 그것이 가족이다.

비 오는 날 밖에서 놀고 싶다는 아이를 감기에 걸릴까 봐 나가지 못하게 하는 부모의 마음도 사랑이다. 비가와도 경험을 통해 성장한다는 생각에 밖에서 노는 것을 허락하는 부모의 마음도 사랑이다. 무엇이 맞을지에 대한 판단은 각자의 몫이다.

다만 내 경우에는 후자를 선택했다. 비를 맞아보지 않으면 비로

인해 일어나는 것들을 경험하지 못한다. 아이를 키우면서 이것을 하나의 원칙으로 삼았다. 도둑질과 살인을 제외한 모든 경험은 아이에게 필요하다고 말이다. 그렇다고 거짓말을 하고 친구를 때려도 된다는 건 아니다. 거짓말을 할 때면 거짓말 때문에 생기는 결과를 알려줬다. 친구를 때리면 어떤 불이익이 오는지 알게 해 주었다.

좋은 대학을 꼭 나와야 한다고도 생각하지 않는다. 아이가 원하면 가야겠지만 부모가 원하는 대학을 아이가 들어갈 필요는 없다. 좋은 대학이 아이의 행복한 삶을 보장해 주지 않기 때문이다. 행복한 육아는 부모가 욕심을 갖지 않는 것뿐이다. 아이의 삶은 완전히 자신이 주도해야 한다. 다른 자식과 비교당한 아이는 상처를 안고 성장한다. 지금부터 비교하지 않아도 자라면서 주위 사람들과 끊임없이 자신을 비교하며 사는 게 인간이다.

그것보다 오히려 아이의 오늘에 관심을 가지기 위한 노력이 필요할 뿐이다.

'오늘 하루 재미있었니?'

'친구들과 어떻게 지냈어?'

'지금은 뭐가 가장 좋아?'

'어떤 책이 재미있어?' 같은 질문들은 아이에게 힘이 된다.

반면에, '하지 마'

'위험해'

'더러워 만지지 마'

'그만해'

'엄마 도와주지 않아도 되니까 공부해.'

이런 말은 아이를 위축시키고 자신감을 떨어뜨리고 바보로 만든다. 아이와 친해지는 방법은 멀리 있지 않다. 있는 그대로의 아이 모습을 인정해주는 것이다. 더 나은 삶을 부모가 나서서 강제할 필요는 없다. 부모는 자신의 행복한 삶만 보여주면 된다.

1만 명 중 3명

삼성고시 현대고시 시대다. 예전처럼 일자리가 많지 않다. 취직해도 월급으로 부모를 부양할 능력이 되지 못한다. 통계에 의하면 1만 명의 자녀 중 3명만이 부모를 부양한다. 내 아이를 잘 키우면 훗날 자신을 부양할 거라는 막연한 기대는 버리는 게 현명하다.

'아이는 성장하는 모습만으로 자식의 도리를 다했다'는 말도 있다. 그러니 아이에게 쏟은 관심과 사랑에 대한 본전 생각은 금물이다. 무리한 투자로 공부시키고 나서, '내가 누구 때문에 이 고생을 했는데 네가 나에게 이렇게 하느냐?'며 가슴치고 후회해도 소용없다.

아이에게 올인은 금물이다. 부모는 육아 외에 재미있는 삶의 활력소를 찾고 노후를 챙겨야 한다. 그럼에도 불구하고 인정에 이끌려 퇴직금과 집 담보로 사업자금을 댄다면 어쩔 수 없는 노릇이다. 물론 일말의 기대는 할 수 있다. 1만 명 중 3명에 들 수 있도록 키운다면 말이다. 하지만 나조차도 그런 로또 맞을 확률은 없다고 생각한다. 그게 속 편하다.

역시 육아는
전술이 필요한 일이었다

　아이가 원해서 1,000페이지 분량의 컴퓨터 책과 한자어문회 2급까지 함께 공부했다. 유창한 발음의 영어, 스페인어, 중국어 그리고 27개 분야 200개의 상장은 강제로 넣어서 나올 수 있는 게 아니다. 사실 나는 1999년부터 컴퓨터 방문교사가 직업이었다. 그 영향으로 아이는 만 4살의 나이로 컴퓨터 국가 자격증을 취득했다. 아마 내 직업이 컴퓨터와 관련 없었다면 절대로 있을 수 없는 일이었을 거다.

　함께 본 신문 덕분에 아이는 한자를 알아야 신문을 읽을 수 있다는 걸 스스로 깨달았다. 외국 여행을 가려면 영어를 해야 하고, 좋아하는 외국 축구 선수 기사를 읽을 수 있다고 동기 부여만 시켰다. 내가 한 것이라곤 보여주고 기다렸을 뿐이다. 그렇게 1년을, 3년을 기다렸다. 그저 육아하면서 잘한 일은 아이를 기다려주고 또 기다려 준 일이다.

어느 날 아침에 아이 손에 들려 있던 책을 빌려 출근한 적이 있다. 아이는 하루 종일 나를, 그리고 자기가 좋아하는 책을 기다렸다. 책을 갈망하게 했더니 자연스레 책을 좋아했다.

큰 아이가 벌써 고등학생이 되었지만 우리 부자는 여전히 책 읽는 습관을 놓지 않았다. 가장 정성 들인 독서습관이 몸에 밴덕이다. 그럴 때면 '부모 노릇 제대로 했다.'라는 생각이 들곤 한다. 역시 육아는 전술이 필요한 일이었다.

노력하는 모습은 별거 없다. 아이가 느끼게 하면 된다. 그래서 하루 한 번 독서 타임을 가지려고 노력했다. 허물없이 지낼 수 있어야 하겠기에 몸싸움 놀이를 자주 했다. 앞치마를 두르고 요리한 음식을 함께 먹으며 친해졌다. 목욕은 서로를 알 수 있는 최고의 방법이었다. 그저 내가 잘하는 것을 보여주었고, 내가 좋아하는 것을 보여주었다. 내가 생각하는 최고의 육아는 부모의 행복한 삶을 보여주는 것이었다.

2,450만 원짜리 전세를 살 때도 아이가 건강하니 행복하고 감사
했다. 아이가 병원에 입원했다 퇴원하면 돌아갈 2,450만 원짜리 보
금자리가 있어서 다행이라 여겼다. 이내가 아플 때도 내가 아프지
않아 아내를 돌볼 수 있어 감사했다. 그렇게 가난해도 아파도 가
족이 함께 있으니 행복했다.

반대로 노력해도 마음대로 되지 않는 것이 자식이다. 노력한 만
큼 육아에 성공한다면 모든 부모가 지금처럼 안달복달하지 않을
것이다. 살인자도 처음부터 살인자는 아니다. 환경이 살인자로 몰
고 간 것뿐이다. 어린 시절 부모에게 욕먹고 매를 맞으면서 자란
탓이다. 부모에게 받은 화를 풀 곳이 있어야 하니, 친구를 때려서라
도 PC방 한켠에 앉아 부수고, 폭파시키고, 죽이는, 게임이 필요했
던 탓이다.

1만 시간의 법칙

어느 농부가 있었다. 그는 옆집 농부와 똑같은 물과 똑같은 비료를 밭에 뿌리며 벼를 길렀다. 그런데도 농부의 벼는 옆집 벼보다 작았다. 동네 사람들은 그의 앞에서 옆집 농부 칭찬을 했다. 그 말에 못마땅해진 농부는 밤에 몰래 나와 밭에 있는 벼를 잡아당겼다. 사람들은 며칠 새 벼가 부쩍 컸다며 방법을 궁금해했다.

욕심 많은 농부는 기분이 무척 좋았다. 하지만 얼마 지나지 않아 벼는 시들시들 죽기 시작했다. 그제야 욕심 많은 농부는 후회했지만 소용없었다.

부모도 욕심 많은 농부 같은 행동을 할 때가 있다. 아이를 생각하면 이것도 알려주고 싶고 저것도 배우게 하고 싶다. 하지만 아이들은 태어날 때부터 부모 말을 듣지 않는 DNA를 갖고 있다. 청개구리 기질을 타고난 것이다. 차라리 아이에게 뭔가를 바란다면 그 반대로 요구하는 게 나을지 모른다. 그러니 제발 기다릴 것을 권한다.

조급한 그 마음 안다.

하지만, 그래서 뭐가 좀 달라졌는가?

참 괜찮은
부모가 되는 수밖에

나는 애초에 아기를 싫어했다. 그런 나에게 아이가 생기고 태어났다. 그렇게 아이와 교감하면서 아이에 대한 내 생각은 180도 달라졌다. 자신을 바라보는 초롱초롱한 눈망울에 빠져들지 않을 부모는 애초에 없는 일인 듯했다. 하지만 아이와 눈먼 사랑에 빠지지 않도록 노력하는 일은 필수다. 잘못된 사랑은 가정을 송두리째 파괴하는 힘을 지닌다. 그러기에 참 괜찮은 부모가 필요하다.

참 괜찮은 부모는 자신의 말보다는 아이의 말을 귀담아 들어주는 부모다.

열 번 들어주고 한번 말하는 부모가 **참 괜찮은 부모**다.

참 괜찮은 부모는 돈만 벌어다 주는 기계적인 부모가 아니라, 아이와 함께하는 시간을 내려고 노력하는 부모다.

참 괜찮은 부모는 숙제를 함께 고민하는 부모다.

아이를 있는 그대로 인정해주는 부모가 **참 괜찮은 부모**다.

참 괜찮은 부모는 아이를 변화시키려고 노력하는 것보다 내가 먼저 변화하려는 부모다.

이런 참 괜찮은 부모와 함께 교감하는 아이는 참 괜찮은 아이로 성장한다. 그렇게 자란 아이는 세상을 아름답게 바라본다. 자신보다 남을 먼저 생각하는 아이로 자라고, 부모의 꿈보다 자신의 꿈을 위해 노력하는 어른으로 자란다. 세상을 탓하기보다 자신의 부족함을 깨닫고 더 나은 인간이 되려고 노력하는 사람으로 성장한다.

어떤 아이는 전문직 부모 밑에서 태어나 좋은 DNA를 가지고 똑같은 시간을 공부해도 1등을 한다. 평범한 아이가 부모의 평범함을 한탄해본들 얻는 것은 아무것도 없다. 불공평한 세상이지만 모든 것에 감사하고 순응하면 불공평한 세상도 공평하다는 것을 깨닫는 아이로 성장한다. 성공한 사람들이 성공한 이유는 딱 한 가지다. 성공할 때까지 도전했기 때문이다. 공부도 마찬가지다. 언제나 역전할 기회는 찾아오기 마련이다. 긍정적인 마음을 가지고 노력하고 기다리년 싱공은 찾아온다.

아이를 키우면서 안타까웠던 기억이 몇 번 있다. 영어를 잘하고 싶은데 뜻대로 되지 않자 아이는 좌절했다. 중학교 1학년 첫 중간고사에서 꼴찌의 성적을 받고 학교를 그만두고 싶다고 했다. 고등학교 1학년 입학 후 아이는 인간의 삶에 대해 고뇌했다. 삶에 관한 문제를 고민할 때 아이에게 공부는 아무것도 아니었다. 그래서인지 고등학교 첫 중간고사에서 바닥을 쳤다.

다행히 왜 삶을 살아야 하고 공부는 왜 필요한지 알았다고 했다. 그거면 충분하다. 고등학교 3학년이 되어 고민에 빠지지 않아 너무나 다행이라고 생각했다.

아이를 키우는 일이란 참고, 기다리며, 함께 웃고, 함께 슬퍼하고, 함께 고민하고, 함께 즐기는 일이다. 바다를 향해 흘러가는 물줄기를 부모는 바꿀 수 없다. 물고기도 만나고 자갈돌에 부딪히고 그렇게 흐르다 보면 평온한 바다에 도달한다. 멀리서 보면 평온한 바다 같지만 뱃사람들은 안다. 바다가 그리 만만하지 않은 곳임을.

1:29:300 법칙

하인리히란 법칙이 있다. 1건의 대형사고가 일어나기 전까지 300번의 법규 위반과 위험한 행동을 하고, 29번의 작은 사고가 일어난다는 통계학이다. 아이가 전교 1등을 했다면 부모가 책 읽는 모습, 열심히 일하는 모습과 열린 대화를 사용했고, 성적이 떨어졌을 때 격려하고 기다려주고 믿음을 준 행동 등 329번의 지렛대가 있었다는 뜻이다.

반대로 아이가 전교 꼴찌를 했다면 아빠가 퇴근 후 게임이나 드라마에만 빠졌거나 잦은 회식으로 아이가 친구 때문에 힘들어하는 것을 파악하지 못한 것이다. 아이가 부족한 과목이 무엇인지 모르고 관심을 두지 못한 까닭이다. 어쩌면 교육은 엄마의 몫이라며 미룬 일 등 329가지 지렛대가 있었을 것이다.

노력하는 모습은 별거 없다.

아이가

느끼게 하면 된다.

먼저 책을 읽었다.
허물없이 지내고 싶어서 몸싸움 놀이를 자주 했다.
앞치마를 두르고 요리한 음식을 함께 먹으며 친해졌다.
목욕은 서로를 알 수 있는
최고의 방법이었다.
그저 내가 잘하는 것을 보여줬고,
내가 행복한 모습을 그대로 보여줬다.

그렇게 아내를 대신해 내가 할 수 있는 육아를 해 나갔다.

말로만 듣던
'창의력'

IBM에서 전 세계 60여 개국 CEO 1,500명에게 물었다.

"성공적인 CEO가 되기 위해 꼭 필요한 요건은 무엇인가요?"

CEO 모두 '창의력'이라고 대답했다. 또한, 12개국 기업 임원 1,000명에게 기업을 혁신적으로 만드는 것은 무엇이며, 그것을 위해 어떤 인재를 뽑을 것인지 물었다.

대답은 다음과 같았다.

"창의력이며, 창의적 사고를 하는 인재를 뽑는 것이다."

우리 아이들의 시대에 이렇게나 중요해진 창의력은 그냥 두면 자연스럽게 생기지 않는다. 노력하지 않으면 아이의 창의력은 부모를 뛰어넘을 수 없다. 노력한 만큼 증가하는 게 창의력이다. 대가의 말을 들어보자.

"많은 사람이 창의력은 몇몇 사람의 천부적인 재능이라 생각한다. 하지만 이것은 완전히 잘못된 부정적인 태도다. 창의력은 배울 수 있고 계발할 수 있으며 적용 가능한 기술이다."
〈수평적 사고의 권위자 에드워드 드 보노〉

"창의력은 선천적인 능력이 아니라 누구나 노력하면 키울 수 있는 것이다."〈창의적 문제 해결 방법론 트리즈의 창시자 겐리호 알트슐러〉

"창의력은 행복하고 만족스러운 삶을 사는 데 필요한 존재 방식이다. 이런 창의력은 모든 사람이 가지는 잠재력 중 하나다."
〈긍정 심리학의 개척자 미하일 칙 센트미하이〉

"유전적으로 영재성을 타고 났다 해도 자유롭고 창의적인 사고를 할 수 있는 환경이 우선 갖춰져야 한다."

〈미 국립 영재연구센터 소장 조셉 렌줄리〉

"일부 사람들이 태생적으로 다른 사람들보다 창의적이기는 하지만, 사실 누구나 창의적인 능력을 가지고 있다. 더욱 많이, 그리고 좋은 아이디어를 창출할 수 있는 스킬은 누구든 배울 수 있다. 또 배워야 한다."〈세계적인 경영 기업 데스티네이션 이노베이션의 창립자 폴 슬폰〉

'창의력은 내 아이와 아무런 상관이 없을 것이다.'라고 치부하는 사람처럼 어리석은 부모도 없다. 마음이 있고 노력이 뒤따르면 창의력은 언제든지 발휘될 수 있다. 창의력이 충만한 아이는 유창성, 유연성, 정교성, 독창성, 민감성을 지니고 있다. **유창성**이란 가능한 많은 양의 아이디어를 도출하는 능력을 말하며, **유연성**이란 틀에 얽매이지 않고 다양한 관점에서 문제를 해결하는 능력이다. **정교성**은 아이디어나 사물을 세밀하고 구체적으로 관찰해 가치 있는 것으로 발전시키고, **독창성**은 특이하고 참신한 자신만의 아이디어를 도출해 낸다. 마지막으로 **민감성**은 섬세하고 민감한 관찰력을 말한다. 이 다섯 가지는 모두 놀이에서 출발한다.

영유아 시절부터 부모가 많이 놀아주면 창의적 인재는 저절로 키워진다. 놀이를 통해 아이는 신체발달은 물론이고 긍정적 사고까지 습득한다. 놀이는 소통하는 방법을 터득하게 하고 상상력과 수평적 사고력을 키운다.

놀이가 축적되면 소, 대근육이 발달해 민첩성이 더해진다.

놀이는 사회성과 더불어 범죄감소에까지 영향을 미치며, 또래 친구들과 관계 형성은 물론 공감 능력까지 확대시킨다.

특히 놀이는 자기주도성과 자기 조절력을 키운다.

폭력성 감소는 이타적 품성에 영향을 미치고, 놀이를 통해 또래보다 어휘량이 급격히 증가한다. 어휘량의 증가는 언어를 발달시키고 두뇌발달에 영향을 준다. 놀이 속에 노래를 넣으면 청각발달과 언어 습득에 지대한 영향을 준다. 놀이는 탐색을 통해 자신감과 호기심을 자극해 새로운 도전을 두려워하지 않는 아이로 성장하게 만든다.

세계적인 기업들이 근무환경을 자유롭게 조절하는 것도 모두 이런 이유 때문이다. 아이를 많이 웃게 만들수록 창의력은 높아진다.

대한민국 사람은 얼굴 표정이 굳어 있는 편에 속한다. '한국 사람들은 모두 화가 나 있는 것처럼 보인다.'라고 오해받을 정도다.

사람이 웃을 때는 15개의 얼굴 근육과 231개의 몸 근육이 움직인다. 한동안 웃음치료사가 각광을 받은 이유도 여기에 있다. 10초 동안 웃으면 4분 동안 조깅한 효과가 있다 하니 건강에도 매우 좋다. 아이와 뒹굴고 함께 웃으면 부모는 젊어지고 아이는 창의력이 높아지니 일석이조 효과다.

미래 사회를 이끌어 갈 인재가 아니라도 많이 웃는 아이는 스스로 인재가 된다. 지성과 감성과 품성을 지니고 인격이 두루 잘 갖춰진 전인격적 인재상, 특정 분야에 국한된 생각을 갖지 않고 다양한 분야에 확장형 사고를 할 수 있는 인간이 된다. 그리고 글로벌 사회에 이해가 풍부한 인재가 된다. 놀이는 그야말로 몸과 마음을 편안하게 해주는 최고의 육아법이다.

창의력 5가지(유창성, 유연성, 정교성, 독창성, 민감성)

공교육에서는 영재를 따로 뽑아 1년 동안 무상 교육을 한다. 영재를 뽑기 위해서는 다양한 문제를 출제하는 데 문제 유형은 유창성, 유연성, 정교성, 독창성, 민감성이다.

그런데 이 다섯 가지는 일상생활에서 길러지는 특성이 있다. 첫째 식물을 키운 경험으로 축적되고, 둘째 동물을 키우며 자연스럽게 몸속으로 체화되며, 셋째 다독으로 다양한 지식이 습득된다. 넷째 놀이와 운동으로 새로운 생각이 만들어진다.

'아' 다르고
'어' 다른 공감 대화

    부모가 다양한 지식을 가지고 학교 선생님처럼 애써 설명할 필요는 없다. 그보다 아이가 선생님이 되어 부모에게 설명할 수 있는 환경이 필요하다. 아이가 열 올려 설명할 수 있게 하고, 부모는 그것에 대해 공감하는 게 훨씬 중요한 능력이다.

    "내가 너 때문에 못 살아."와 "그런 행동을 하니까 엄마가 많이 속상하네"는 모두 아이의 잘못된 행동을 두고 내뱉은 말이다.

    하지만 같은 내용이라도 전혀 다른 결과를 낳는다. 후자는 아이의 공감을 이끌어내고 잘못된 행동을 수정할 수 있는 반면, 전자는 아이의 인격을 파괴하고 자존감을 무너뜨린다.

아이가 학교에서 말없이 늦게 왔다. 친구 집에서 놀았거나 학교 운동장에서 운동했을 것이다.

"학교 다녀왔습니다."

"오늘은 많이 늦었네. 연락도 없이 늦어져 조금 걱정했어. 학원 선생님께는 엄마가 전화해 뒀어. 다음에는 미리 연락할 거지?"

친구들과 놀았다면 참으로 귀한 시간을 보내고 온 거다. 놀이로 자기 주도성을 키웠을 테고 또래와 놀이로 사회성을 높였을 것이다.

반대로. "어디서 쳐 자빠져 있다가 이제 기어들어 와. 지금 시간이 몇 시 인줄은 아니? 학원 선생님이 2번이나 전화했어."

이런 말을 들은 아이는 자신의 행동이 잘못된 걸 인지하면서도 부모에 대한 반발심을 키우게 된다. 아 다르고 어 다르다.

아이나 어른이나 지시나 명령을 싫어한다. 자신이 잘하고 좋아하는 일을 자기 스스로 선택했을 때 최고의 성과가 나온다.

"아빠, 뭐해요?"

"공부방 수업 자료 만들고 있어. 수업 동영상을 먼저 만들어 인터넷에 올린 후 수업 참여 전에 아이들에게 보여주려고"

"저도 해보면 안 될까요? 재미있을 것 같아요."

"어떻게 하는지 설명해 줄까?"

"조금 전에 봤는데 간단한 거 같았어요. 여기 녹음 버튼 누르고 말하는 것이 끝나면 정지 버튼 누르면 되는 거죠?"

"대단한데."

수업 동영상을 녹화하면서 아이는 수업에 필요한 자료 준비가 우선이라는 걸 알게 되었다.

아이와 공감을 끌어내기 위해서는 인위적이나 강제적인 수단이 들어가면 곤란하다. 부모의 행동을 어깨 넘어 구경하게 하면 공감 뿐 아니라 아이의 자발적 참여까지 유도된다.

'나 메시지' 대화법

'나 메시지'란 상대의 감정을 상하지 않게 배려하면서 자신의 의견을 전달하는 의사소통법이다. 미국의 임상심리학자 토마스 고든이 창시한 부모 역할 훈련 모델 중 하나로 소개되었다.

나 메시지 대화법은 부모가 '나'를 주어로 아이에 대해 자신의 감정이나 생각을 솔직하게 표현하는 것이다. 아이의 자존심과 인격을 건드리지 않으면서 아이의 행동 변화를 촉구할 수 있는 것이 '나-메시지'의 핵심이다. '나-메시지'는 상황, 영향, 감정 등 3가지가 포함돼야 한다. 문제가 되는 상황을 아이에게 설명하고, 그것이 나(부모)에게 어떤 영향을 미쳤는지 말하고, 부모의 감정을 표현하는 순서다.

아이는 운동으로
키워야 한다

'아이는 사랑을 키운다.'라는 말이 있지만 나는 아이를 운동으로 키워야 한다고 믿고 있다. 사랑이라면 너무나 막연하다. 제대로 된 사랑을 하려면 아이 사랑하는 법이라도 익혀야 한다. 나는 아이와 함께 하는 운동이 곧 사랑이라고 생각한다. 운동하다 보면 아이의 스트레스를 풀 수도 있고 학교생활에 대한 정보도 쉽게 얻을 수 있다.

내가 많은 스포츠 중에 축구를 선택한 건 여러 가지 이유에서다. 축구는 창의적인 플레이에서 골이 터진다. 정형화된 것과는 거리가 멀다. 골을 잘 넣는 선수들은 신체적으로 우위에 있어야 하지만,

무엇보다 창의적인 플레이가 필수기 때문에 두뇌가 비상해야 한다. 한 박자 빠른 플레이로 상대 선수를 따돌려야 하므로 더 빨리 앞서 생각하고 행동해야 한다.

거기다 유명한 외국 선수들의 이름이 대부분 영어다. 수백 명의 외국 선수 이름만 알아도 영어에 큰 도움이 된다. 아이가 스페인어 자격증을 취득한 것도 스페인 축구를 좋아했기 때문이다.

아이가 초등학교를 졸업할 무렵, 나와 아이의 얼굴은 새까맣게 그을려 있었다. '내일 2시 야외활동은 자제하라는 뉴스'가 나와도 우리는 축구공을 들고 학교 운동장으로 내달렸다. 대부분의 아이가 바삐 학원으로 가버렸으니 한적한 초등학교 운동장은 언제나 우리 차지였다.

주변에서 종종 수십만 원짜리 장난감을 사서 아이에게 안기는 부모를 보곤 한다. 교육학자들이 효과가 떨어진다고 콕 집어 언론에 공개해도 부모들은 기어코 할부로라도 구입해 아이에게 사 준다. 효과가 있다면 나 역시 머리카락을 팔아서라도 사주고 싶다. 하지만 실제로 몇 번 사용하지 않고 아이가 외면한다는 하소연을 들은 경우가 더 많았다.

그렇다. 아무리 비싼 장난감이라도 부모와의 행복한 시간을 대신할 순 없다.

나는 종종 아이와 노는 방법도 모르고 좋은 놀잇감이 뭔지 모르겠다는 부모를 만난다. 펜실베이니아 대학교수인 브라이언 서튼 스미스에 따르면 좋은 놀잇감이란, 흔한 재료로 일상에서 흔히 접할 수 있는 것이라 했다. 그것이야말로 최대치의 효과를 낸다고 말이다. 추천 놀잇감으로는 흙이나 클레이, 블록, 모래, 물, 공, 나뭇잎이나 나뭇가지 등을 들었다.

지금 이 순간 부모가 눈을 돌려 주위에 보이는 물건으로 창의적 놀잇감을 만들어 내면 된다. 예를 들어 컴퓨터로는 수천 가지 학습용 놀이를 할 수 있으며, 집에서 구독하는 신문으로 최소한 열 가지 놀이를 진행할 수 있다. 물론 아이 혼자서 놀잇감을 만들어 놀 순 없다. 그러니 부모의 도움이 필요하다. 4살 아이에게는 찢은 신문지가 하얀 눈이 되기도 하고, 7살 아이에게는 동물 이름 찾기 놀이를 진행할 수 있다.

초등학생이 된 아이는 영어 단어를 제시하고 신문 속에서 알파벳 찾기 놀이를 진행하면 된다. 그렇게 자란 아이는 자연스럽게 신문을 좋아하게 된다.

시간도 없고 마음도 없는 부모가 아이와 놀아주기란 쉽지 않다. 아이와 놀이를 할 때는 내가 아이를 위해서 놀아준다는 생각은 버려야 한다. 아이와 함께 놀면 즐겁다는 것을 부모가 먼저 깨달아야 한다.

사실 아이가 부모 곁에 오지 않게 하는 행동은 간단하다. 아이가 책을 읽어달라고 할 때, 딱딱한 국어책 읽듯 읽어주면 다시는 책을 읽어 달라고 조르지 않는다. 아이가 놀아 달라고 할 때, 간단한 시합을 고안하고 무조건 이기면 된다. 아이와 멀어지는 방법은 정말 쉽다. 아이의 마음을 읽지 않고 부모가 주도적인 놀이를 진행하면 아이로부터 자유로워진다.

놀아주기 대신 '놀기'

놀이는 심리학책에 창의력과 동의어로 나온다. 놀이만 잘해도 미래가 원하는 인재가 된다. 그러니 나머지 10%를 위해 오늘부터라도 제대로 놀아줘야 한다.

아이가 부모를
공격해 올 때

내 아이의 꿈이 무엇인지 알고 있는가?

알고 있다면 그 꿈을 위해 아이와 함께 무엇을 진행했는가?

만약 아이가 꿈이 없다면 꿈을 찾기 위해 함께 노력한 것이 무엇
인가?

아이의 바뀐 꿈이 지금까지 몇 번째인가?

그때마다 부모는 무엇을 해 주었는가?

부모가 생각하고 의도하는 꿈이 아니라서 관심을 갖지 않았는지
생각해보라.

내 아이가 좋아하는 것이 무엇인지 알고 있는가?

아이가 잘하는 것이 무엇인지 파악했는가?

아이가 살 미래는 어떤 인재를 필요로 하는지 알고 있으며,

기업과 사회가 요구하는 바가 무엇인지,

또 행복한 삶을 영위하기 위해서는 어떤 양육 방식을 취해야 하는지, 곰곰이 연구한 적 있는가?

만약 지금 아이에게 공격받고 있다면 분명히 이유가 있다. 부모는 '공경'받고 있다고 생각했는데, 어느 날부터 아이가 부모를 '공격'하기 시작했다면, 부모의 강요 때문에 학원을 다녔고, 매를 맞지 않으려고 열심히 공부한 경우다. 사춘기에 접어든 아이는 자신의 힘이 부모보다 강하다고 느끼게 되거나, 스스로 독립이 가능할 때 부모를 공격한다.

사립 명문고에서 최상위권 성적을 유지하며 말썽 한 번 부린 적 없는 딸이 어느 날 엄마에게 '씨발'이라는 문자를 보냈다. 엄마는 애가 왜 그런 문자를 보냈는지 이유를 모르겠다지만, 그 엄마만 빼고 모두 알고 있다. 남편과 싸워가며 학원에 갖다 바친 돈만 억대였다.

영어유치원부터 어학연수와 스펙 쌓기를 위한 해외 봉사까지 아이를 위해 엄마는 최선을 다했다. 하지만 그건 어디까지나 엄마 생

각이었다. 아이는 일기장에 엄마를 죽여 버리고 싶다고 썼다.

공경받으려고 한 엄마의 행동이 공격받는 꼴이 되었다. 온종일 엄마 손에 이끌려 학원에 파묻혀 사는 아이에게서 과연 공경을 기대할 수 있을까?

세계에서 가장 교육열이 높은 두 민족이 있다. 대한민국과 유대인이다. 두 민족을 비교해 보면 이 문제에 대한 답을 찾을 수 있다. 대한민국 인구는 5,000만 명, 유대인은 800만 정도다. 노벨상 수상자는 대한민국 1명, 유대인은 수상자의 25%다. 하버드나 예일대에 입학하는 학생이 대한민국은 1년에 1~2명, 유대인은 30%다.

학교 다녀온 아이에게 대한민국 부모가 하는 첫 마디는, '선생님 말씀 잘 들었지?'다. 유대인 부모는 '오늘은 어떤 질문 했니?'다.

학교가 끝나면 대한민국이나 유대인 학생 모두 어디론가 간다. 대한민국은 영어! 수학학원에 가고, 유대인은 역사와 히브리어를 배우러 히브리스쿨에 다닌다. 대한민국 엄마는 '내가 너의 미래를 정했으니 엄마가 시키는 데로만 하라'하고, 유대인 엄마는 아이와 의논해서 맞추려고 노력한다.

가정에서 대화 때도 대한민국 엄마는 'TV 보지 말고 공부하라'하고, 유대인 엄마는 유치원이나 학교에서 있었던 재미난 일들을 질문한다. 대한민국 아이들은 아빠 얼굴이 어떻게 생겼는지 몰라 가끔 보면 낯설어하고, 유대인 아빠는 가족과 함께 자주 식사를 한다.

대한민국 학교 교실은 단방향인 반면에, 유대인들은 원형을 선호한다. 수업방식도 대한민국은 주입식에 길들어 있고, 유대인은 토론을 좋아한다.

'공부는 누가 하나?'라고 물으면 대한민국 엄마들은 학생이 하는 것이라고 답하고, 유대인 부모는 함께 고민하고 해결해 나가는 것이라 대답한다. 대한민국 가정과 유대인 가정 중 공경을 받게 될 부모는 어느 쪽일까?

아이를 망치는 말과 아이 살리는 말

아이의 말이나 행동	아이 망치는 부모의 말	아이 살리는 부모의 말
엉뚱한 행동	애가 왜 이래?	무얼 하고 싶어?
식사 시간에 책을 본다	밥 먹을 땐 밥만 먹어	책 보고 싶구나. 밥 먹고 볼까? 밥 먹으면서 책도 보니~ 와우(멀티 태스킹)
남자도 치마를 입었으면 좋겠어요	치마는 여자만 입는 거야	왜 그런 생각을 했니? 아빠도 가끔 치마 입고 싶었는데~
친구와 싸워 화가 남	화 내면 안돼 화 내면 나쁜 거야	화가 많이 났구나. 친구가 왜 그랬을까?
울 때	울지 마	많이 속상했구나

4장

책, 책, 책, 오로지 책 읽는 아이로 키웁시다

성공한 사람 대부분은 성공할 때까지 도전을 멈추지 않았다. 실패하는 사람은 한두 번의 도전에 실패하고는, 주변 환경을 원망하며 도전을 멈춘다. 마찬가지다. 아이가 책을 좋아하게 하는 방법은 아이가 책을 좋아할 때까지 함께 읽으면 된다. 책은 인생을 바꿀 수 있는 유일한 수단이다.
책은 기어코 그토록 바랐던 결과를 코앞에 가져다 놓고야만다.

아이의 미래를 만드는 밑바탕,
책 읽기

"아빠는 정말 인생역전 하신 것 같아요."

"왜?"

"이름도 모르는 지방대를 나와서 강연도 1,200회나 다니시고 책도 여러 권 쓰시잖아요."

맞는 말이다. 나는 만나는 사람 누구에게든 '인생을 바꾸고 싶으면 책을 읽으라.'고 말한다. 청소년이 되면 한 달에 0.8권 밖에 읽을 수 없다. 성인이 돼도 한 달에 0.8권 읽을 수밖에 없는 대한민국 시스템 때문에 아직도 선진국행은 한참 남았다.

하긴 나조차도 책을 멀리했던 사람이라 이런 말 할 자격조차 있는지 모르겠다. 하지만 뒤늦게 책의 중요성을 알게 되었고 두 아이와 함께 읽은 책 덕분에 내 삶은 완전히 바뀌어있다. 굳이 책이 인생을 바꾸지 않더라도 책은 행복한 삶의 밑거름이 된다. 책을 읽다가 밤을 새워 본 적도 여러 번 있다. 강요 때문에 읽은 책이라면 새벽이 오는 줄도 모르고 읽지 않았을 거다.

미국의 대통령들은 책의 중요성을 누구보다 잘 알기에, 취임 후 얼마 지나지 않아 초등학교를 찾아 아이들에게 책을 읽어준다. 대통령이 휴가를 떠날 때 가져가는 책이 언론에 소개되고 그 책이 베스트셀러에 오르기도 한다. 아이들은 책을 가까이하는 대통령의 모습을 보고 책을 읽는다. 적어도 꿈이 대통령인 아이들은 어릴 때부터 책을 읽는 습관을 들인다.

노벨상을 탄 사람들의 인터뷰를 보면 모두가 어린 시절 부모나 조부모가 책을 가까이하게 했고 읽어주었다. 대통령이 되어 책에 취미를 가지게 된 게 아니고, 책을 취미 삼아 좋아하니 대통령이 된 것이다.

우리 아이들을 대통령 만들자고 책을 읽히자는 게 아니다. 마음의 양식을 쌓으며 더불어 사는 시대에 최소한의 도덕을 길러주자는 의미다. 선진 국민의식은 책에서 나온다. 독서량이 많은 나라일수록 선진국이 많다. 미국 6.6권, 프랑스 5.9권, 일본 6.1권, 중국 2.8

권이 한 달 평균 독서량이다. 책은 스스로의 가치를 높여주는 행위다. 평생 1권의 책도 읽지 않은 사람은 자신과 같은 부류 사람과 어울려 산다. 1,000권을 읽은 사람 역시 자신 정도의 지식을 가진 사람과 어울려 산다. 10,000권 이상을 읽은 사람과는 대화만 나눠봐도 인품을 알 수 있다.

전세나 월세를 살아도 좋은 차를 끌고 다니는 게 유행이다. 명품 가방을 들고 다녀야 무시당하지 않는다는 생각이다. 면세점에 가면 묻지도 따지지도 않고 충동구매를 한다.

그렇게 눈에 보이는 것을 꾸민다고 명품 인생을 살지도 못한다. 명품 인생은 대화를 나누고 싶고, 만나고 돌아오면 또 만나고 싶은 사람이다. 백이면 백, 책을 가까이 한 사람이다. 부모가 보일 행동은 명품에 환장한 모습이 아니다. 시간을 쪼개 책을 읽는 모습, 주말이면 도서관에서 여유롭게 책 읽는 모습이다. 책을 많이 읽은 아이는 자기가 주도한 삶을 산다. 요행을 바라지도 않는다. 노력의 대가는 반드시 돌아온다는 사실을 알고 있기 때문이다.

책 읽는 습관을 들이기 쉬운 시기는 아이가 기어 다니지 못하는 시기다. 누워 있는 아이에게 책을 읽어주면 아이는 책 읽기를 거부하지 않는다. 뒤집기를 하지 못하는 아이는 누운 채로 부모가 읽어주는 책을 보고 들을 수밖에 없다. 하지만 대부분 부모가 이 시기를 놓쳐버린다. 책 읽는 재미를 모르는 아이가 책에서 떠드는 지식을 싫어하고, 성적이 바닥을 치면 무조건 더 나은 학원부터 찾는다. 그나마 읽던 만화책도 치우고, 당장 성적과 연관 없어 보이는 책부터 없앤다. 그리고 그 자리에 학원 교재며 문제집을 가득 채워놓는다. 이렇게 악순환의 고리가 형성돼 간다.

독서의 재미를 아는 아이는 책에 거부감을 느끼지 않는다. 지금 아이가 몇 살이라도 상관없다. 다만 어릴수록 다행일 뿐.

중학생이든 고등학생이든 어떤 책이든 원하는데로 읽게 돼야 할 것이다. 그래야 재수든, 삼수든, 취득하고 싶은 자격증이 생겨도 책에 대한 두려움 때문에 도전하지 않는 일이 없어질 테니 말이다.

도자기는 한번 가마에 들어가 구워진 뒤에는 모양을 바꿀 수 없다. 그러니 책 편식을 하지 않도록 어려서부터 다양한 책을 함께 읽어야 할 것이다. 무엇을 읽을 것인지 고민하기보다, 어떤 책이든 책장부터 채우는 것이 먼저다. 책장에 책이 있어야 책을 읽을 분위가 만들어진다.

모국어를 잘하는 아이가 영어도 중국어도 잘한다. 어려서부터 모국어를 잘해야 하는 이유다. 영어유치원에 보내기보다 영어로 된 스토리 책을 읽게 하기를 권한다. 스토리 영어책은 다양한 세계와 문화를 보여주며 아이의 사고의 폭을 넓혀준다. '파닉스도 되지 않은 아이가 어떻게 영어책을 읽을 수 있냐'고 반문할 수 있다. 이런 문제는 온라인 영어도서관을 활용하면 간단히 해결된다.

첫째 아이가 읽은 스토리 영어책 3,000권과 둘째 아이가 읽은 스토리 영어책이 6,200권이다. 내가 읽어준 종이 책은 10권도 되지 않는다. 모두 온라인 영어도서관을 활용했다. 파닉스를 몰라도 영어 문장을 손가락으로 짚으며 따라 읽으면 영어책 읽기는 그리 어렵지 않다.

7.3배와 16배 편익효과

영유아 시절 읽은 책 1권은 청소년이 되어 7.3배와 16배의 편익효과로 나타 난다. 매일 하루 1권의 책을 읽고 1년이 되면, 365권이 아니라 2,664권이나 5,840권 읽은 효과가 나타난다.

영유아 시절 책 읽기를 하지 않았다면 이런 편익효과는 누릴 수 없다. 그래서 책을 읽지 않고 어른이 되면 책을 읽고 성장한 어른과 경쟁이 되지 않는다. 물론 어른이 돼 책을 읽어도 인생은 변할 수 있다.

저자도 대학교 졸업하기 전까지 책 한 권 읽지 않았다. 아들이 태어나면서 책 을 읽기 시작했고 신문을 정독했다. 신문 한 부 꼼꼼히 읽으면 성인 단행본 한 권 읽은 효과가 같다고 했다. 덕분에 책도 여러 권 집필할 수 있었다. 암울 했던 내 인생도 책을 읽기 시작하면서 변하기 시작했다.

책 읽는 습관을 들이기
가장 쉬운 시기는
아이가 기어 다니지 못 하는 시기다.
누워 있는 아이에게 책을 읽어주면
아이는 책 읽기를 거부하지 않는다.
뒤집기를 하지 못하는 아이는
누운 채로 부모가 읽어주는 책을 보고 들을 수밖에 없다.

도자기는 한 번 가마에 들어가
구워진 뒤에는 모양을 바꿀 수 없다.
그러니 책 편식을 하지 않도록 어려서부터
다양한 책을 함께 읽어야 할 것이다.
무엇을 읽은 것인지 고민하기보다,
어떤 책이든 책장부터 채우는 것이 먼저다.

도서관은 아이와 함께 들어가는
마법의 동산이다

아이가 태어난 해는 분유 값도 없어 쩔쩔매던 시절이다. 계속 살아야 할지 내게 묻기도 많이 했다. 말처럼 죽지 못해 하루를 살았다. 그러다 우연히 미국 상위 3% 교육법을 알게 됐다. 그 육아법은 아이가 대학교 졸업 전까지 3만 권의 책을 읽히는 것이었다.

희망이 보였다. 가난한 부모에게서 태어난 재혁이에게 3만 권의 책을 읽을 수 있는 환경을 마련해준다면, 세계 상위 3%의 삶을 누리게 할 수 있겠다는 생각이 들었다. 하지만 그조차도 가난 때문에 책을 사줄 형편이 되지 못했다.

그래서 찾은 방법이 도서관이었다. 월세나 전세 만기가 되면 이사를 해야 했는데 올해까지 열일곱 번째다. 첫째 나이가 올해 열일곱이니 1년에 한 번꼴로 이사 한 셈이다. 다음 살 집을 구할 때도 도서관과의 거리를 생각했다. 아이는 이사 때마다 친구와 헤어지는 걸 슬퍼했다. 부모 잘못 만나 고생하는 것 같아서 이사를 할 때면 미안한 마음이 앞섰다. 내 집에서 편안하게 아이 키우는 집이 무척 부러웠다. 거실에 책이 가득한 집을 보면 그것만큼 부러운 것도 없었다. 그래서 가난의 연결고리를 반드시 내가 끊고 싶었다.

지금 살고 있는 둔산동 샘머리아파트는 둔산도서관이 걸어서 2분 거리다. 하지만 거리가 가까우면 아이가 혼자 도서관을 이용할 거라는 내 기대는 산산이 박살 났다. 부모가 가지 않는 도서관은 아이도 가지 않았다.

부모는 바늘이고 아이는 실이다. 아빠가 도서관에 가면 도서관을 따라왔고, 아빠가 운동하러 나가면 아이는 운동장으로 향했다. 내 몸이 지치고 힘들 때면 귀찮을 때도 많았다. 하지만 도서관을 다니다 보니 내가 읽고 싶은 책이 많아졌다. 책을 읽다 보면 책 속에서 또 다른 책을 안내했다. 집 근처 도서관에 읽고 싶은 책이 없으면 인근의 도서관을 방문했다. 대전에만 스물네 개의 도서관이 있다. 돈이 없어서, 책이 없어서 읽지 못한다는 핑계는 더 이상 통하지 않았다. 어느 날 아이와 함께 한 도서관 투어는 지금도 평생 잊지 못할 추억으로 남아있다.

독서를 많이 한다고 학교 공부를 잘하는 건 분명 아니다. 학교성적은 과목마다 투자한 시간에 비례하며, 반복해서 복습한 횟수만큼 올라가기 때문이다. 다만 독서는 사고력을 높여 복습하는 시간을 단축시킨다. 그래서 독서력이 쌓인 아이는 언제든 마음만 먹으면 성적을 올릴 수 있다.

독서는 눈의 시폭을 확장시켜 책이든, 교과서 지문이든, 빨리 읽고 이해할 수 있는 능력을 만든다. 집에서는 책 한 권 읽는 것도 힘들어하는 아이도 도서관에서는 몇 권의 책도 거뜬히 읽는다. 분위기 때문이다. 도서관은 책을 좋아하는 사람들의 기가 흐른다. 그 기는 옆 사람에게 전달되고, 그 옆 사람에게 전달 돼 결국 나에게 다시 돌아온다. 도서관은 책을 좋아하게 만드는 마법의 성이다. 도서관은 차별하지 않는다. 공무원 공부하는 사람에게도, 회사 부도로 갈 곳이 없는 사람에게도 도서관은 자신의 모든 것을 내어준다. 부자에게도, 가난한 사람에게도, 빌릴 수 있는 책의 권수는 정해져 있다. 돈이 없어도 보고 싶은 책이 있으면 희망도서로 신청도 할 수 있다.

무더운 여름철, 집에 에어컨이 없던 시절에도 도서관은 언제나 시원한 공간을 제공해 주었다. 휴식시간에 자판기에서 뽑은 캔 커피 맛은 비싼 카페에서 먹는 것보다 달콤했다. 오늘의 나를 만든 곳이 도서관이라는 빌 게이츠의 말처럼 나의 인생과 아이 인생을 바꿔 줄 수 있는 유일한 곳이 도서관이었다. 더 바랄 게 있다면 일주일에 한 번 휴무일과 공휴일에도 도서관 문을 열었으면 좋겠다는 거였다. 24시간 연중무휴라면 더욱더 좋겠다. 가는 날이 장날이라고 보고 싶은 책이 있는데 그날이 월요일이라 도서관 문이 닫혀 있으면 속상했다. 퇴근 후 아이와 도서관을 방문했는데 여섯 시면 문을 닫는 것도 속상했다.

어두운 곳을 밝게 만들면 사회도 그만큼 밝아진다. 그 혜택은 모두의 것이다. 범죄가 줄어들 것이고 밤거리가 더 안전해지며 성숙한 사회가 될 것이니 말이다.

영국 상위 3% 부모 육아

영국 상위 3% 부모들은 아이가 태어나면 아이를 안고 노래를 부르며 육아를 시작한다. 노래와 음악을 듣고 자란 아이는 청각이 발달한다. 청각이 발달하는 아이는 음감이 뛰어나다. 또한 모국어를 쉽게 습득하고 모국어와 청각이 발달한 아이는 다른 나라 언어를 쉽게 배울 수 있다. 세계적인 음악 그룹들이 영국에서 나오는 이유도 여기에 있다.

아이가 도서관을
좋아하게 만드는 법

성인이든, 아이든, 무슨 일을 시작해도 강제성과 자발성에 따라 승패는 달라진다. 독서가 좋다고 아이에게 책 읽기를 강요하면 머지않아 책을 싫어하게 된다. 반찬값 아껴 생일 선물로 사 준 전집을 고마워하면 좋겠지만, 책 싫어하는 아이에게 책 선물은 생각만 해도 끔찍하다.

도서관도 마찬가지다. 부모는 성인이다. 성인이 판단하기에 내 아이가 도서관에 머무는 시간이 많으면 좋겠지만 그런 아이는 전생에 나라를 구한 아이다. 내 아이가 나라를 구한 위인이 환생해 태어난 거라면 좋겠지만 그럴 리 만무하다.

그래서 처음 도서관을 방문할 때는 아이에게 아무것도 원하면 안 된다. 단지 도서관에 오는 습관만 들이는 데 집중해야 한다. 누가 봐도 도서관은 책 읽는 곳이다. 하지만 처음 방문한 아이는 도서관이 책을 읽는 곳이라기보다 평생 편안하게 오갈 수 있는 공간으로 이해하도록 애써야 한다.

　도서관도 다 같은 도서관이 아니다. 어떤 도서관은 밥맛이 좋고 어떤 도서관은 어린이를 위한 다양한 프로그램이 준비돼 있다. 시청각실을 이용하면 최신 영화 관람도 가능하다. 아이와 함께 정보화 코너에서 채팅을 할 수도 있고, 음악실에서 최신 음악을 들을 수도 있다. 운이 좋으면 대형 수족관과 다른 곳에서 볼 수 없는 대형 책도 접할 수 있다. 또한 유명한 저자들의 강연과 할아버지 할머니가 펼치는 연극도 볼 수 있다. 스토리 영어책을 읽어주는 선생님도 가끔 만날 수 있고, 북스타트 덕분에 생후 35개월까지의 아이는 무료 그림책을 받을 수도 있다. 우연히 방문한 도서관에서 아이의 그림책과 부모에게 필요한 책도 선물 받으니 도서관은 그야말로 산타클로스다.

　요즘 아이들은 컴퓨터에 빠져 도서관을 멀리하는 경우가 많다. 도서관을 간다고 해도 따라나서지 않는 아이에게는 전략과 전술이 필요하다. 이럴 때 신문기사는 부모의 말보다 신빙성을 높여 준다. 그렇게 신문에서 발견한 기사로 이야기를 건다.

"여길 봐. 오바마 대통령이 독서광이래. 어릴 때부터 도서관을 자주 이용했다고 하네."

"어디요?"

누구나 알고 있는 인물에 대해 이야기를 나누면 아이는 관심을 가진다. 그리고 도서관을 이용한 그 인물에 대해 칭찬을 한다. 당연히 가슴 한구석에 '도서관을 가면 칭찬을 받겠구나.'라고 생각한다.

"창문 넘어 도망친 100세 노인이라는 책이 있네. 제목이 특이하구나."

출판사 광고가 신문에 실린 걸 보여주었더니 아이는 책을 읽고 싶다고 열의를 보인다. 내 경우에는 도서관이 재미있는 곳이라고 아이가 생각할 때까지 맛있는 라면도 사주고 아이스크림도 먹었다. 도서관 방문 때 아이가 좋아하는 배드민턴과 S 보드는 필수로 챙겼다. 책을 읽지 않아도 배드민턴과 S 보드는 타도록 했다.

책을 읽도록 유도하는 대화도 부모 하기 나름이다.

예 1) "책 좀 읽어라. 다른 집 애들은 책을 잘 보는데 넌 왜 그 모양이니?"

예 2) "아빠는 네가 책을 읽을 때 가장 행복하단다."

전자는 강요가 들어갔고 다른 아이와 비교했다. 있는 그대로 이해하지 않았고 비난했다. 후자는 책을 읽으라고 하지만 직접적이지 않고 부모의 기분만 전달했다.

모든 아이는 부모의 웃는 모습을 보고 행복해한다. 내가 책을 읽으면 부모가 행복하다고 하니 책 읽는 모습을 자주 보이겠다고 다짐한다. 사랑하는 부모를 위해 독서가 따분하고 힘들어도 지속하는 힘이 생긴다. 부모는 도서관을 진짜 재미있어 해야 한다. 그래야 그 마음이 고스란히 아이에게 전달된다.

홀려듣기 5%, 읽기 10% 학습효과

NTL(National Training Laboratory)의 학습효과에 의하면 영어 CD로 흘려듣기만 했을 경우 학습효과는 5%다. 보통의 엄마들이 많이 하는 스토리 영어책 읽기 효과는 10%밖에 되지 않는다. 시청각 수업의 경우 20%의 학습효과, 시범강의 보기는 30%, 집단토의를 했을 때 50%다. 하지만 아이가 직접 했을 경우는 75%의 학습효과가 있고 말로 설명했을 때는 90% 학습효과가 나타난다.

통계를 모르는 부모는 영어 CD 흘려듣기만 지속 하다 영어를 마스터할 골든 타임을 놓친다. 영어책만 죽어라 읽힌다. 독해 실력은 높아질지 몰라도 외국인과 만나면 꿀 먹은 벙어리가 된다. 통계를 제대로 알고 코칭해야 스트레스 없이 영어도 마스터하고 즐길 수 있다.

즐기면서 가르치는 사람이, 배우는 사람보다 3배 더 많은 효과를 본다. 그러니 아이가 교사가 되고 선생님이 되어야 한다. 부모는 학생처럼 굴면 된다.

아빠는 책을 골라주지 않는다
그저 뒤에서 지켜볼 뿐

교과목과 연관 있는 학년별 추천도서가 있다. 초등 4학년의 경우 수학과 연관된 〈4학년 수학이라 악수해요〉. 국어와 연관이 있는 〈짜장 짬뽕 탕수육〉. 과학과 연관이 있는 〈거미박사 남궁준 이야기〉. 사회와 연관이 있는 〈옛날 사람들은 어떻게 공부했을까?〉. 미술과 관련이 있는 〈피라미드는 왜 뾰족할까요?〉가 있다.

교과목과 연관 있는 책을 읽으면 수업 시간에 이해도 빠르며 시험에도 도움이 된다. 아이가 책을 읽지 않을 때는 추천도서를 부모가 읽는 것이 좋다. 읽다가 흥미로운 부분이 있으면 아이와 책에 대한 이야기를 나누면 아이가 관심을 가진다.

몇몇 부모는 스토리 영어책을 읽을 때, 아이가 종이 영어책으로 읽기를 바라고 온라인 영어도서관을 전혀 활용하지 않는 경우가 있다. 부모가 생각하기에 종이 영어책이 훨씬 좋다는 판단에서다. 하지만 종이 영어책을 싫어하는 아이도 있다. 파닉스가 완벽히 되지 않은 아이는 책 읽기가 불편하기 때문이다.

이럴 경우 원어민이 읽어주는 이북을 활용하면 부모도 편하고 아이도 쉽게 영어책을 접할 수 있다. 부모 입장보다는 아이 입장에서 먼저 생각해야 한다. 아이가 종이 영어책을 좋아하면 당연히 종이책을 읽게 해야 하지만 싫어한다면 이북이 더 효과적이다.

아이의 꿈이 최근에 일곱 번째 바뀌었다. 이번 꿈은 건축가다. 하지만 부모는 그 마음을 알아주지 않고 이것저것 다양한 책 읽기를 권한다. 아이는 자기가 원하는 분야 책을 읽고 싶다. 이럴 때 부모 입장에서 채근하면 아이는 이내 책 읽기를 거부하고 만다. 책 읽기에 흥미가 떨어지니 당연하다.

오히려 아이 꿈이 바뀔 때마다 꿈과 관련된 책을 깊이 있게 읽게 해 주면 과학자, 의사, 수의사, 변호사, 바리스타, 아나운서에 대해 박식한 지식을 갖는다. 그러나 꿈에 상관없는 책 읽기를 강요하고 그에 따라 읽으면 학습효과는 3%도 되지 않는다. 이 얼마나 비효

율적이고 안타까운 일인가!

아이가 스스로 고른 책의 의미는 아이가 현재 관심을 갖고 있는 분야라는 뜻이다. 관심이 있다면 몰입독서가 가능하다. 집중력이 높아져 학습 효율도 매우 높다. 부모의 역할은 도서관까지 같이 오는 것까지다. 그 안에서 어떤 책을 읽을 것인가는 전적으로 아이 선택이다.

많은 부모가 간섭하지 말아야 할 것까지도 간섭해 긁어 부스럼을 만든다. 부모와 아이의 관계는 난로 같은 존재다. 너무 다가가면 손을 대고 너무 떨어지면 온기를 느낄 수 없다. 적당한 거리에서 아이를 지켜볼 때만 건강한 관계는 유지된다.

아이는 부모의 대리만족을 위해 태어나지 않았다. 아이는 소유물이 아니다. 부모 자식은 천륜이지만 자식을 내 마음대로 조정할 수 없다. 부모가 자식에게 베푸는 사랑이 정상적일 때는 자식도 부모를 공경하지만, 비정상적인 요구가 많을 때는 언제든지 부모 손이 닿지 않는 곳으로 떠난다.

내 몸의 일부지만 내 마음대로 사용할 수 없는 게 자식이다. 살다 보면 자식이 원수 같을 때도 있고, 자식 때문에 베개를 적시는

일도 많다. 자식에게 바라는 것 없는, 그런 괜찮은 부모만이 아이의
인생을 빛나게 만든다.

10번 읽은 아이와 1번 읽은 아이

독일의 심리학자 에빙하우스가 16년간 연구한 망각곡선, 7번 읽기 공부법, 1권의 책을 10번 반복해서 읽은 것과, 10권의 책을 한 번씩 읽기의 차이. 이 모든 것이 인간의 기억과 연관 있다.

사람은 누구나 공평하게 5분 뒤부터 방금 배운 것을 잊어버리는 작업이 진행된다. 컴퓨터로 보면 휘발성 메모리다. 이곳을 비우지 않으면 용량이 초과돼 과부하에 걸린다. 천재들의 수명이 짧은 이유도 한 번 기억된 내용이 머리에서 나가지 않아서다.

아픔을 예민하게 받아들이고 상처가 오래 남아 우울증에 걸릴 확률도 높다.

일본 최고 '합격의 신'이 말하는 기적의 공부법은 '공부 머리 없어도 딱 7번만 읽어라'다.

과외 없이 독학으로 도쿄대 입학, 수석 졸업. 대학 재학 중 사법시험, 1급 공무원 시험을 동시에 패스한 야마구치 마유도 반복을 강조한다.

아이는 태어나 자신의 이름이 1,200번 불리면 인식한다. 태어난 지 얼마 됐든 말이다. 반복은 기적을 낳는다.

"응, 너도 한 번
읽어보든가."

무엇보다 중요한 건 아이의 건강이다. 하지만 아이가 건강하면 공부도 잘하기를 바란다. 아이가 공부에 재능을 보이면 부모는 더 높은 목표를 세운다.

중학교에 입학한 아이가 전교 꼴찌의 성적을 받은지 얼마 지나지 않아 학교에서 스트레스를 측정했다. 지수가 남학생은 28, 여학생은 31을 넘으면 정서, 행동 면에 관심을 기울여야 한다. 이 측정에서 첫째는 학교 내에서 유일한 0점을 받았다. 꼴찌를 했어도 어떤 강요도 하지 않았기 때문이다.

도서관을 다니기 시작한지 한참이 지나서야 아이는 나에게 물었다.

"아빠, 책이 재밌어?"

"응, 재밌지. 궁금하면 너도 한 번 읽어보든가."

아이가 읽고 싶다는 생각이 차곡차곡 쌓이고서야 진정으로 내뱉은 말이었다. 이렇게 시작한 책 읽기 덕분에 오래 앉아 있을 수 있는 힘이 생겼다. 밥 먹을 시간이 지난 것도 모른 채 아이는 책 읽기에 몰입하곤 했다. 독서는 오늘과 내일만 읽고 끝내는 일이 아니다. 아이의 삶이 풍족해지기 위한 장기 레이스다. 부모가 만들어주는 인위적인 삶은 부모가 옆에 없으면 쉽게 무너지고 말기 때문이다.

부모의 채근에 하루 수십 권씩 책 읽는 아이와 하루 한 두 권 스스로 읽는 아이의 행복은 성장한 뒤에라야 판가름 난다. 다른 집 아이들이 모두 읽는 책이니까 우리 아이에게도 맞겠다는 생각은 버려야 한다.

아이에게 거는 기대가 클수록 실망도 크기 마련이다. 부모도 열이면 열, 모두 그들의 부모가 원하는 삶을 살고 있지 않다. 아이에게 어떤 길을 가라 하기보다 많은 길을 보여주는 것만이 정답이다. 그 많은 길은 가난한 부모라도 누구나 할 수 있다. 돈 없이도 보여줄 수 있다. 책 속에 길이 들어 있기 때문이다.

부모를 공경하는 법, 인류를 위한 과학자로서의 위대한 발명을 이루는 법, 가난한 나라의 사람들이 인간답게 살 수 있도록 돕는 법, 요리사가 될 수 있는 법, 유기견에게 도움을 줄 수 있는 수의사가 되는 법, 암을 정복하고 인류 생명을 연장할 수 있는 의사가 되는 법, 벤처를 창업해 경제적으로 자유로운 삶을 살 수 있는 법, 실패해보지 않은 성공은 사상누각임을 아는 법, 내 삶이 중요하듯 다른 사람의 삶도 중요하고 더불어 살아가는 법, 영어는 문법부터 배우기보다 외국인과 부딪히며 배워야 실수를 두려워하지 않는다는 것 모두, 책 속에 들어있다.

21일 습관

같은 장소에서 반복적으로 21일 동안 진행하면 습관이 된다. 단 21일을 채우기 위해 하루도 빠짐없이 진행한다. 하루라도 빠졌을 경우 다시 처음부터 21일을 채워야 한다. 책을 읽지 않은 습관을 부모에게 물려받았을 경우 청소년이 된 아이에게 책 읽는 습관을 들이기 힘들다.

또한 아이가 책 읽는 습관이 생겼다고 부모가 다른 행동, 즉 책을 읽지 않거나 더 재미있는 무언가를 하는 모습을 지속해서 보여주면 아이는 즉시 그것을 따라 한다.

아빠는 되는데
왜 아이는 TV를 보면 안 되나요?

대한민국 가정 대부분의 주거 형태는 거실에 고급소파를 놓고 맞은편에 TV를 둔다. 이런 환경은 퇴근한 아빠가 소파에 누워 TV를 보게 만들고, 몇 개의 학원을 돌고 들어온 아이가 복습 없이 TV를 보게 만든다. TV 보기 참 좋은 환경이다. 그런데도 엄마는 아이에게 TV 시청을 금지하고 '너는 학생이니 방에 들어가 공부해'라고 말한다.

퇴근한 아빠는 오늘도 거실에서 TV를 보고 있다. 역지사지로 보면 아이는 학원에서 돌아오고 아빠는 회사에서 퇴근했다. 아빠는 어른이니까 TV를 봐도 되고, 학원 수업으로 지친 아이는 아이니까

TV를 보면 안 된다?

차라리 이럴 바엔 시간을 정해놓고 모두 다 같이 TV를 보는 게 낫지 않을까? 더불어 독서 타임도 정해서 그 시간 만큼은 모두가 독서를 하는 편이 낫지 않을까?

거실은 가족이 오랫동안 머무는 공간이다. 거실 책장에 온 가족 모두가 서로의 관심사에 따라 읽을 수 있는 책이 마련되는 게 맞다. 만약 책 읽는 습관이 없는 아이라면, 식사 후 1시간은 부모가 책 읽는 시간이니 조용히 해달라고만 부탁해도 된다. 그러면 아이는 부모의 책 읽는 모습에 점점 동화된다. 처음 마련된 독서 타임이라면 아이의 독서 시간이 짧을 것이다. 하지만 3주가 지나고 습관이 되면 3개월이 지나지 않아 집중해서 책을 읽는다.

책을 함께 읽자고 말할 때는 절대 짜증을 내면 안 된다. 부드러운 권유가 언제나 더 큰 힘을 발휘한다. 자칫 책을 빨리 읽게 하려고 화나는 말투로 책을 권하면 아이는 책과 친해지기 어렵다.

경제적으로 형편이 어려울 때, 아내는 책값을 아끼려고 둘째에게는 일주일에 1권씩만 사게 했다. 첫째 아이는 세 권을 살 수 있었는데 말이다. 그래서 아내에게 양해를 구하고 동생도 형과 똑같이 살 수 있게 했다. 아이들은 어렵게 구입한 책이면 더욱더 여러 번 반복해서 읽었다. 스티브 잡스 자서전은 887쪽 짜리지만 책이 너덜해질 때까지 읽었다. 경제적으로 풍족한 아이는 부족함을 모르고 자란다. 부모가 책을 사 줘도 고마워하지 않는다. 영어 공부방에서 독서프로젝트를 진행하며 상으로 문화 상품권 몇 장씩을 내 걸어도 가정 형편이 넉넉한 아이들은 적극적으로 참여하지 않는다.

"선생님, 전 책 읽기 프로젝트에 참여하지 않겠습니다. 전 통장에 천만 원 넘게 있어서 필요 없어요."

아이는 부모의 재력을 믿고 책을 읽지 않아도, 공부를 열심히 하지 않아도, 부모가 하는 일을 물려받으면 된다는 식의 생각을 갖는다. 부모 잘 만나 말이나 타고 다니면서 부모가 씌워준 감투를 부끄러워하지도 않는다. 부모 잘 만난 것도 경쟁력이라고 생각하는 아이가 행복한 삶을 살아갈까?

이런 부류의 사람은 독서와 거리가 멀다. 현명한 부모는 아이 통장에 돈을 많이 넣어주는 것보다 책을 가까이할 수 있게 한다.

3번 반복 책 읽기

대한민국 아이는 영어로 인한 스트레스가 심하다. 영유아 영어학원을 시작으로 회사 입사 시험까지 영어 시험의 연속이다. 시험을 위한 공부는 언어에 대해 자유로워질 수 없다. '읽기 혁명'의 저자 '크라센 교수'는 '다독은 영어를 마스터하는 최선의 방법이 아니라, 유일한 방법'이라고 했다.

올해부터 대학수학능력시험에서 영어영역이 절대평가로 바뀐다. 교육부는 학교에서 실제 영어사용 능력을 향상시키겠다고 했다. 의사소통이 가능하도록 하겠다고 했지만, 아직도 여전히 독해 위주 수업이다. 현장에 있는 영어교사가 프리토킹이 가능하지 않기 때문이다. 영어를 어떻게 접근해야 하는지 외면하기 때문이다. 교사가 편하고 쉬운 수업만 고수하기 때문이다.

대한민국은 영어 한 가지만 잘해도 능력을 인정받는다. 유대인, 필리핀처럼 영어가 쉽다고 생각하고 넣어 준 방법 그대로만 생각하면 영어는 스트레스 없이 정복할 수 있다. 영어를 공부라고 생각하지 않고 언어라고 생각하는 순간 영어로 인한 고통은 없다. 영어는 외워야 할 게 아니라 한국어처럼 평생 사용할 언어다. 영어를 깨치는 중심에 책이 있다. 한글책과 달리 스토리 영어책은 반복해서 3번을 읽어야 한다. 연속성은 단어를 익히고 문장들을 외울 수 있게 해준다.

도서관은 차별하지 않는다.
공무원 공부하는 사람에게도,
회사 부도로 갈 곳 없는 사람에게도,
부자에게도, 가난한 사람에게도,
빌릴 수 있는 책의 권수는 똑같이 정해져 있다.
돈이 없어도 보고 싶은 책이 있으면
희망도서로 신청하면 읽을 수 있게 해주는 곳이다.

5장

어떻게 하면
아이를
잘 키울 수 있을까?

나는 한 번도 '아이를 잘 키울 수 있을까'를 고민한 적
없다. 하지만 '오늘 어떻게 하면 아이와 친해질 수 있
을까?', 그리고 '어떻게 하면 친구 같은 아빠면서 존경
받는 아빠가 될 수 있을까?'를 고민했다.

공감은 친밀한
관계를 만든다

"아빠, 바둑 한판 둬요."

아이의 제안에 한참 재밌게 읽던 책을 덮었다. 저녁 시간이 다 되었지만 바둑 한판을 끝내고 먹어도 된다. 아내에게 양해를 구하고 우리는 바둑을 두기 시작했다. 처음에는 18개를 먼저 두고도 내가 이겼지만 지금은 많이 줄었다.

"아빠, 봐주지 말고 두세요."

아이의 자신감을 높이기 위해 시합을 할 때면 나는 아이가 이길 수 있도록 유도했다. 사실 아이를 이기는 것보다 일부러 지는 게 더 힘들다. 바둑을 둘 때도 이길 수 있는 곳을 두고 다른 곳을 배회

한다는 게 여간 힘들다. 나이가 찬 아이는 아빠가 봐주는 걸 알아차리니 말이다.

"뭐 하고 있니?"

"피파게임하고 있어요. 아빠, 제 선수들 보세요. 박지성도 있어요."

"어떻게 하는 거니?"

아이는 자신이 즐기는 게임을 아빠에게 자세하게 설명했다. 아이들 세계에서 게임은 피해갈 수 없는 부분이다. 부모가 게임을 못하게 하면 몰래 게임 할 수 있는 공간을 찾는다. 게임은 친구 집에서 할 수도 있고, 도서관에 간다고 하고 PC방에 가서도 한다. 그러니 차라리 부모가 보는 앞에서 게임을 하게 하는 편이 낫다.

어린이날 선물을 고르기 위해 대형마트를 찾았다. 10분 정도 지나 고른 것이 쿼리도다. 처음 쿼리도가 집에 도착한 날 10판을 넘게 뒀다. 다음날도 쿼리도 시합은 계속됐고 그다음 날도 계속됐다. 모든 아이들은 한 가지 게임에 몰두하면 질릴 때까지 하는 특성이 있다. 우리 아이들도 쿼리도 뿐 아니라 보드게임과 장기도 틈틈이 가져와 시합하기를 바란다.

아이가 원하는 놀이나 운동이 있다면 적극적으로 함께 해야 한다. 아이와 친밀해질 수 있는 절호의 기회기 때문이다. 아이와 사이가 벌어진 다음에 접근하려면 열 배, 아니 백 배 더 많은 노력을 기울여도 복원하기 힘들다.

아이 입장에서는 학교에서 있던 일과 친구들 사이의 일이 무척 중요하다. 학교에서 있던 일을 상의하려고 부모에게 말을 걸어도 바빠서 들어주지 않으면 아이는 부모를 더 이상 찾지 않는다. 가벼운 이야기라도 공감하면서 들어주면 나중에 큰 고민이라도 의논한다. 큰 사단이 났을 때 비로소 아이를 나무라며 "왜 말하지 않았어?"라고 야단쳐봐야 소용없다.

거꾸로 교실 혁명

중, 고등학교 교실을 엿보면 잠자는 아이들을 심심치 않게 볼 수 있다. 하지만 교사가 주도된 수업이 아닌, 아이들이 준비하고 토론하는 수업이 진행되는 교실에는 잠자는 아이가 없다. 핀란드의 경우 수업 시작 전에 책상 앞에서 달리기하거나 게임을 통해 집중력을 갖게 한다. 다음 수업을 시작하면 학습 효과는 배가 된다. 핀란드가 대한민국보다 적게 공부하면서 성적이 높은 이유다.

아이의 상상력을 자극하는
대화를 시작하자

아이가 유치원에 다닐 때의 일이다. 친구들은 외국 여행을 자주 다니는데 우리는 왜 외국으로 다니지 않느냐고 물었다. 차마 가난해서 그렇다고 말할 용기가 없었다. 아니 굳이 그렇게 생각하고 싶지 않았다.

"어디를 가고 싶은데?"

"미국과 영국이요."

"왜 하필 미국과 영국이야?"

"미국은 자유의 여신상을 보고 싶고요. 영국은 축구 종주국이잖아요. 제가 제일 좋아하는 것이 축구니까 제 눈으로 축구 경기를 꼭 보고 싶어요."

그날 저녁 문구점에 갔다.

"우리 미국과 영국에 갈 준비를 하자. 그러기 위해선 세계지도가 필요해."

"왜요?"

"미국과 영국에 대해 알아야지. 그리고 미국과 영국은 어떤 언어를 사용하니?"

"영어요."

"미국과 영국을 여행하려면 당연히 영어를 잘해야겠네. 국제미아가 되지 않으려면 말이야."

"알았어요. 이제부터 영어공부 열심히 할게요."

"아빠도 약속할게. 외국인과 프리토킹이 가능할 때 외국 여행 가는 거야."

덕분에 영어를 해야하는 동기부여가 하나 더 추가됐다.

아이와 도서관에서 책을 고르다 '아빠의 기적'이라는 책을 들고 읽었다.

"이 책에 나오는 분도 두 아들을 키웠네. 재미있겠다."

"저도 보여주세요."

"저자가 함승훈이라는 분이야. 전에 신문에서도 기사를 읽은 것 같아. 거창국제학교를 운영하고 계셨어. 그때 기사를 읽으면서 우리랑 사정이 비슷하다고 생각했던 기억이 나는구나. 기사에는 짧게 나와서 스토리가 궁금했는데 오늘은 이 책을 읽어야겠다."

성인 단행본이지만 초등학교 고학년 때부터 아이는 아빠가 읽는 책까지 관심을 보였다. 이렇게 유도해서 읽힌 책이 꽤 쌓여 갔다. 아이가 행복한 인생을 찾는데 분명 도움 되는 내용들이 많았고, 내가 아이에게 해주고 싶은 말들이 가득 들어 있었다.

시대가 급속도로 변하기에 부모의 경험은 유효기간이 지났을지 모른다. 아이들과 대화에서도 단정 짓는 말은 사고를 위축시킨다. 모든 가능성을 열어두고 대화를 나누면 아이는 생각이 깊어진다. 책을 가까이하지 않고 문제집만 가까이하는 아이들은 미래를 맞이할 준비가 미숙하다. 아이들에게 물려줄 돈은 없어도 아이들이 책을 좋아하게 만든 건 최고의 선물이라고 생각한다. 독서는 없어질 염려가 없으니까.

영국 상위 3% 부모 육아

영국 상위 3% 부모들은 아이가 태어나면 아이를 안고 노래를 부르며 육아를 시작한다. 노래와 음악을 듣고 자란 아이는 청각이 발달한다. 청각이 발달한 아이는 음감이 뛰어나다. 또한 모국어를 쉽게 습득하고 모국어와 청각이 발달한 아이는 다른 나라 언어를 쉽게 배울 수 있다. 세계적인 음악 그룹들이 영국에서 많이 나오는 이유도 여기에 있다.

긍정의 질문이
아이의 말문을 열어준다

"아빠, 어떻게 하면 영어를 잘할 수 있어요?"

아이의 이 질문은 나와 아이의 인생을 변화시켰다. 영어 때문에 회사를 그만둔 나는 이 질문에 제대로 된 답을 줄 수 없었다. 대신 영어를 잘할 방법을 찾기로 했다.

"너 한국어 잘하지?"

"한국 사람이니까 당연히 한국어를 잘하죠."

"한국어도 언어고 영어도 언어야. 아빠도 오늘부터 영어를 정복해야겠다는 다짐을 했어. 아빠가 정복한 다음 알려줄게."

"저도 영어 잘하고 싶어요. 저랑 같이해요."

"여러 책을 보니까 스토리로 된 영어책을 많이 읽으면 영어는 잘한다고 돼 있었어. 그래서 이제부터 영어책을 꾸준히 읽기로 했어."

아이는 어릴 때부터 책 읽는 습관이 돼 있었기에 영어책 읽기는 어렵지 않게 시작되었다.

"아빠, 이거 어떻게 읽어요?"

"아빠도 정확한 발음은 모르겠네. 영어사전에서 발음을 들어볼까?"

친절하게도 네이버 영어사전 덕분에 단어와 문장까지 원어민 목소리로 들을 수 있었다.

"아빠 학창시절엔 이런 시스템이 없었는데 정말 좋구나. 넌 시대를 잘 타고 났다."

온라인 영어도서관은 미국 초등학생들도 이용하는 사이트다. 그 사이트를 지구 반대편에서도 이용할 수 있었다. 부모가 영어책을 읽어주지 않아도 온라인 영어도서관은 모든 걸 해결해 주었다.

"공부는 왜 해요?"

"공부? 왜 할까?"

나도 궁금했고 모든 아이가 궁금해하는 질문이다. 아이의 질문에 정확한 답을 해줄 수 없을 때나 스스로 생각을 유도할 때 아이에게 되묻는다. 아이가 질문할 때라도 질문에 대한 대답을 어느 정도는 가지고 있는 경우가 많았다.

"궁금한 걸 알고 싶거나 직업을 갖기 위해서 아닐까요?"

"아빠는 학창시절엔 부모를 위해서 공부하는 줄 알았어. 공부를 열심히 하고 있으면 부모님께서 좋아하셨거든. 그런데 어른이 돼 보니 공부는 나를 위해서 하는 거였어. 아빠는 그걸 좀 늦게 깨달았어. 넌 공부가 재미있니?"

"네, 아빠와 대화에서 알게 되는 것도 많지만 책은 제가 모르는 것을 알려주니까요."

대학생이 되면 진정한 학문을 공부하는 사람은 얼마 되지 않고 취업 준비를 위해 공부하는 사람이 더 많다. 그리고 취업에 성공한 사람들은 공부나 독서에서 손을 놓는다. 공부를 지속하더라도 진급을 위한 공부가 시작되고, 일정한 직위에 올라가면 더 높은 자리를 위해 공부한다. 이런 삶이 행복하지는 않을 텐데 많은 사람이 가는 길이다. 내 아이만이라도 다른 삶을 살기를 바란다.

77번 반복 책 읽기

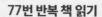

교실에서나 학교에서는 다양한 방법으로 영어 관련 대회를 열고 있다. 아이가 영어 대회를 위해 스토리 영어책이나 발표할 내용을 외워야 한다면 부모는 어떻게 해야 할까. 모국어도 아닌데 남 앞에서 발표하기란 쉽지 않다. 요즘 공교육은 토론도 활발하게 진행된다. 아이들이 토론하게 장을 마련하고 교사는 수행평가로 점수를 매긴다. 아이가 외워서 발표나 토론에 필요한 시간은 77번을 읽을 시간이다. 누구나 77번 반복해서 읽으면 그 내용은 자신의 것이 된다. 시간이 부족해서 준비되지 않으면 아이는 발표나 토론을 싫어한다.

자식은 전생에 빚쟁이라는 말이 있다.
각각의 부모가 빌린 돈만큼 빚을 갚겠지만,
내 생각에는 최대한 빚을 갚지 않는 게 좋은 듯하다.
전생에 빚쟁이라고 해서 꼭 돈을 빌린 게 아닐 거다.
어쩌면 돈이 아니라 목숨을 빚졌을 수도 있고,
배려를 빚졌을 수도 있다.

그러니 아이를 먹여주고 입혀주고
충분히 사랑해 줬다면
그것만으로 대부분의 빚은 갚은 셈이다.
채무자가 너무 호구면
채권자는 죽을 때까지 채무자를 괴롭힌다.

아이에게 자유롭게
도전할 기회를 줘라

초등 2학년 시절, 담임선생님의 추천으로 대학교 부속 영재교육원 시험에 도전하겠다고 했을 때, 아이는 인생에서 첫 실패를 맛봤다. 하지만 초등 3학년부터 졸업 때까지 대학교 부속 영재교육원에 도전해 결국 합격했다.

아들이 청심국제중학교를 다니고 싶다며 도전하겠다고 했을 때도 우리 가정 형편으로는 도저히 무리였다. 그러나 간단명료하게 대답했다.

"그래, 도전해봐. 학비는 아빠가 무슨 수를 내서라도 마련할 테니."

나는 두 가지 생각을 했다. 아이가 떨어졌을 때 위로의 말과 합격했을 때 학비를 어떻게 마련할 것인지를.

만약 합격한다면 합격스토리를 책으로 내고 판매가 잘되기를 바라는 수밖에 없었다. 다행스럽게 아이는 합격을 했고 나는 준비된 원고를 들고 여러 출판사 문을 두드렸다. 하지만 입학 전에 필요한 400만 원을 계약금으로 지급해 줄 출판사는 없었다. 그러다 마지막이라는 심정으로 예전에 알고 지내던 출판사에 문의했다.

"입학금은 걱정하지 마세요."

편집장은 이렇게 말했다. 아이는 청심국제중학교에 무사히 입학했고 입학 후에는 장학금을 받아 부모의 걱정을 덜어주었다. 그때 만약 형편이 어렵다고 도전할 기회조차 주지 않았다면 아이의 삶은 수정되었을 것이다.

중학교 시절 내내 민사고등학교를 목표로 준비한 아이는 고입을 불과 몇 개월 앞두고 하나고등학교로 목표를 바꿨다. 두 학교는 준비하는 게 많이 달랐기에 얼마 남지 않은 시간에 가능할지 의문이었다. 대화를 나눠 봤지만 의지가 확고했다.

아이 의지대로 하나고등학교에 도전했고 합격 통지서를 받았다. 어렸을 때부터 선택도 아이의 몫이고 결과에 대한 책임도 본인이 져야 한다고 알려주곤 했다. '어린아이가 무슨 선택을 할 수 있을까' 걱정부터 하는 부모들은 모든 결정을 부모가 한다. 그리고 아이에게는 통보를 지속한다. 결국 아이는 스스로 결정 내리지 못하는 사람이 된다.

아이들은 언젠가 부모 품을 떠난다. 오히려 부모에게서 독립하는 시기가 빠르면 빠를수록 좋다. 그러기 위해서 넘어지기를 반복하고 홀로 일어서는 연습도 반복돼야 한다.

고정관념, 신문 구독자가 연봉 20%

아이가 성장하는 과정에서 부모에게 받는 선천적 DNA는 30%다. 유전이
란 본인이 노력한다고 바뀌는 게 아니다. 기대를 걸어볼 수 있는 건 나머지
70%다.

먼저, 고정관념을 깨기 위해서는 부모의 생각이 열려 있어야 한다.

신문은 종합적 사고력을 키우는 핵심이다. 신문을 읽으면 글로벌 트렌트가
보인다. 수백 명의 기자가 매일 발로 뛰면서 만든 기사를 접하면 논술과 정보
력이 아이의 실력이 된다. 하지만 신문을 좋아하는 아이는 드물다. 그러니 어
려서부터 신문을 가지고 놀게 해야 한다. 아이 입장에서는 신문이 따분하다
고 할 수 있다. 눈높이에 맞는 어린이 신문을 먼저 구독하는 것도 좋은 방법
이다.

아이에게 절대 해서는
안 되는 말

"아빠, 전 큐브를 맞추지 못할 것 같아요."

"노력하면 되지 않을까?"

"형은 큐브 몇 살 때 시작했어요?"

"형은 초등학교 5학년 때 시작했는데 처음 완성한 게 3주 정도 노력한 후였어. 넌 3학년이니까 노력하면 2년 안에 맞출 수 있을 거야."

아이는 모든 걸 멈추고 큐브 맞추기에 몰입했다. 그리고 겨우 이틀이 지났을 때 소리 질렀다.

"아빠, 저 다 맞췄어요. 이거 보세요."

"정말이니? 대단하구나. 한 번 보여줄 수 있어?"

"네, 그럼요. 대신 속도는 느리니까 많이 기다려주세요."

이리 돌리고 저리 돌리더니 둘째는 이내 큐브를 맞췄다. 세상일이 처음이 힘들지 한 번 성공하면 그다음부터는 물 흐르듯 쉽다.

"아빠, 형은 영어 타자 언제부터 시작했어요?"

"여섯 살 때부터, 그리고 형은 컴퓨터 자격증이 따고 싶어서 시작했어. 왜?"

"저도 하고 싶은데 자리가 익혀지지 않아요."

"하루 5분씩 3번을 반복해 봐. 대신 일주일 동안 꾸준히 해야 해."

일곱 살에 시작한 아이는 초등 3학년이 돼서야 400타를 넘겼다. 그렇게 둘째는 아빠와 형이 잘하는 게 무엇이든 뛰어넘고 싶어 했다. 만 네 살의 나이에 컴퓨터 자격증을 따고 싶어 했다. 아빠의 직업이 컴퓨터 교사라 컴퓨터 자격증을 취득한 형을 보고 마음의 동요가 일은 모양이다. 만 네 살이면 한글도 모르는 아이가 많다. 자격증을 따려면 한글 타자가 250타, 영타가 150타가 되어야 하며 공무원이 작성하는 공문서를 완벽하게 제한 시간 안에 만들어야 한다.

"아빠, 자격증 꼭 취득하고 싶어요."

"초등학생도 고학년이 돼야 취득할 수 있는데 도전할 수 있겠니?"

"네"

"공부도 해야 하고 시험도 쳐야 하는데 괜찮겠어?"

아이는 망설임 없이 도전하겠다고 했다. 몇 번의 실패 끝에 아이는 결국 만 네 살에 우리나라 최연소 컴퓨터 국가자격증을 취득했다.

내 사전에 안 된다는 말은 없다. 아이가 원하면 무엇이든 도전하는 것을 격려했다. 가끔 도서관에 방문할 때 성인 단행본이 있는 곳에 가면 종종 '초등학생 출입금지' 안내판을 본다. 초등학생이 떠들고 주위 사람을 방해하기 때문이라고 생각되지만 출입 자체를 못하게 하는 건 잘못 같다. 관심만 있다면 아이도 성인단행본 책을 볼 수 있다고 생각한다. 유대인의 도서관은 토론으로 시장을 방불케 한다. 대한민국은 어떤 틀을 만들어 놓고 그 틀 안에서 아이가 자라기 바란다. 글로벌 시대와 맞지 않는 행태다. 핀란드 아이들은 짧은 공부 시간에도 대한민국 아이들과 성취도가 비슷하거나 앞선다. 휴대폰으로 수업하거나 영하 20도가 넘어도 쉬는 시간에는 밖에서 놀게 한다. 춥다고 교실에 남아 있으면 교사는 등을 떠민다.

이제 부모라도 자신이 만들어 놓은 틀 안에서 아이를 키우려고 하지 않아야 한다. 경험은 최고의 교육이니까.

"더러워 밟지 마. 물이 튀면 옷이 더러워져."

엄마의 말에 아이는 물이 튀는 모습을 볼 기회를 놓친다. 물이 사방으로 튀는 모습을 경험한 아이는 도전하려는 힘이 생긴다.

아이가 의자를 끌고 와서 선반 위에서 물건을 꺼내려고 한다.

"위험해, 높이 있는 건 엄마한테 말해. 혼자 하면 사고나."

엄마는 경험보다 안전을 먼저 생각한다. 하지만 엄마가 없을 때도 필요한 게 있으면 아이는 분명 의자 위로 오를 것이다. 그러니 이왕이면 의자를 이용하는 아이를 칭찬하고, 균형을 잃지 않도록 위험 요소를 알려주는 게 좋지 않을까?

2025년에 살 아이들은 창의력과 융합력

전 세계 CEO들은 직원을 채용할 때 창의력 인재인지 종합적 사고력을 가지고 융합하는 능력이 있는지 살핀다. 융합의 대표적인 제품은 아이패드다. 아이패드가 획기적인 제품 같지만 알고 보면 융합의 결정체다. 기존에 나와 있는 기술을 모아 둔 것에 불과하다.

창의력이란 어려운 게 아니다. 기존 제품을 다양한 각도로 볼 수 있는 안목과 360도 뒤집어 관찰할 수 있는 능력이다. 현재의 상태에서 반보 앞서 생각하면 창의력이다. 반보를 앞서기 위해서는 경험을 통한 수평적 사고력을 키우는 수밖에 없다.

'되'로 주고 '말'로
받은 친구들

　학교생활을 시작하면 부모는 두 가지를 걱정한다. 성적과 친구 관계다. 친구 관계가 원만한 아이는 성적도 향상된다. 학기 초에 친구와 싸움을 자주 하거나 친구를 사귀지 못하면 공부에 지대한 영향을 받는다.

　우리 아이 역시 친구의 도움을 많이 받았다. 청심국제중학교에 입학했을 때 어떤 친구는 어려운 수학 문제를 알려 주었고 또 다른 친구는 예상문제를 함께 공유했다. 어려서부터 운동과 놀이를 많이 한 덕에 체육부장을 맡게 됐고 덕분에 골고루 친구를 사귈 수 있었다.

놀이와 운동을 많이 한 아이들은 주위에 친구가 많을 수밖에 없다. '그 친구와 놀거나 운동하면 재미있다.'라는 인식을 줄 테니 말이다.

놀이를 재미있게 하려면 양보와 배려가 우선이다. 혼자서만 재미있고 상대는 재미 없으면 친구를 사귈 수 없다. 그런 측면에서 놀이와 운동은 또래를 연결해주는 최고의 도구다. 전교 1등과 선교 꼴찌가 친구가 될 수 있는 것도 놀이와 운동이 있기에 가능하다.

요즘 아이들이 친구 사귀는 방법은 다양하다. 예전의 부모 세대와는 사뭇 다르다. 아이가 스마트 폰을 사달라는 이유가 게임도 있지만 아이끼리의 소통 방식 때문인 경우가 많다. 페이스북을 통해 준비물이며 시험 범위, 지구 반대편에서 일어나는 일에 대한 생각을 주고받는다.

스마트 폰이 마냥 쓸모없는 것이라고 치부하기엔 구시대적인 발상이다. 고등학생이 된 아들과 하트를 주고받을 수 있는 것도 스마트 폰 덕분이다.

예전의 부모와 자식 관계를 생각하면 꿈도 못 꿀 일이다. 부모가 자신을 사랑하고 있다는 걸 알려주는데 이만한 소통 도구가 없다.

IT 대한민국, 변화를 두려워하지 말라

대한민국뿐만 아니라 세계가 빠르게 변하고 있다. 예전 삐삐치던 시절은 옛 유물로 사라진 지 오래다. 변화를 따라가려고만 하지 말고 변화를 주도해 가야 한다. 아이들이 또래와 소통하는 게 무엇인지 부모가 노력하지 않으면 퇴물 취급당하기 딱 좋은 세상이다. 컴퓨터 사용도 어려운데 SNS니, 사물인 터넷이 미래를 주도한다고 떠들어 댄다. 모르면 두렵고 기피하기 마련이다. 나 역시 SNS가 나왔을 때 시간이 남는 사람이나 하는 것이라 치부했다. 하지만 내가 그렇게 생각하는 동안 세상은 그것으로 인해 모두가 변화하고 있었다.

아이에게 자제력을
가르쳐라

"아빠, 축구하러 나가요!"

"그래, 준비물과 숙제부터 하고 나갈 거야."

"몸이 피곤하면 숙제하기 힘들 수 있거든."

1시간 동안 준비물과 숙제를 마친 아이는 다시 말했다.

"아빠, 일기는 운동하고 와서 쓸게요. 운동한 내용으로 쓰려고
요."

학교 운동장까지는 5분 거리다. 아이는 축구공을 들고 문으로
나오는 나에게 패스했다. 나도 아이에게 패스했다.

"잠시만 기다려. 자동차 지나간다."

아이는 공을 차던 발을 멈췄다.

"횡단보도니까 공을 들고 가자."

"왜요?"

"공을 잘못 컨트롤하면 도로로 공이 나갈 수 있어. 그럼 사고로 이어질 수 있어."

학교까지 이동하면서 아이는 놀고 싶은 순간을 참으며 걷는다. 글로 배운 것과 생활에서 터득한 경험은 피부로 다가오는 자체가 다르다. 부모나 교사로부터 '공은 도로에서 가지고 놀면 위험하니 운동장에서 갖고 노는 거야'라고 배우지만, 초등학생부터 고등학교 졸업까지 이 주의사항을 지키는 아이는 몇 되지 않는다. 습관이 들여지고 조심성이 생길 때까지 옆에서 함께 하며 위험을 알리는 수밖에 없다.

"아빠, 제가 좋아하는 영화가 개봉했어요. 오늘 영화 보고 싶어요."

"오늘 아빠는 저녁 8시에 수업이 끝나는데 보고 싶은 영화 상영 시간을 체크해 봐."

아이는 다음 주가 시험인데도 불구하고 영화 얘기를 꺼냈다. 나는 반대하기 보다 가능 여부를 직접 체크하게 됐다. 아이는 곧바로 영화사이트에서 시간을 체크했다.

"아빠, 영화관까지 몇 분 걸려요?"

"차로 40분 정도."

"아… 그럼 오늘은 힘들겠네."

"왜?"

"개봉한 지 얼마 되지 않아 우리가 볼 수 있는 시간은 모두 매진이에요. 뒤쪽에 있는 시간은 너무 늦고요. 내일 선생님께서 한자 쓰기 공부해야 한다고 일찍 오라고 했거든요."

"아쉽구나. 그럼 언제가 한가할까?"

"학교 시험 끝나는 주말에 가도록 해요."

"그래, 알았다. 아빠가 미리 예매해 둘게."

자제력은 스스로 자신을 통제할 때라야 길러진다. 다른 사람의 강압이나 강요 보다 본인의 의지가 들어갔다고 생각돼야 상처도 받지 않는다. 만약 아이가 무리해서 영화를 보러 가자고 했다면 나는 기꺼이 영화를 보러 갔을 거다. 늦은 밤에 귀가해 다음 날 아침 일어나는 게 힘들고, 선생님과 약속을 지키지 못해 꾸중을 들어도 그건 아이 몫이다. 그런 경험으로 아이는 자제력을 몸소 익혀 갔다.

게임과 드라마 시청

게임은 어느 집이나 자유로울 수 없는 주제다. 다만, 내 경우는 두 아이에게 언제나 허용했다.

다만, 계약을 만들었다.

게임하기 전에 할 일을 다 할 것!

게임을 시작할 때와 끝날 때 부모에게 알릴 것!

게임 때문에 생활에 지장이 생길 경우 언제든 중단시킬 수 있다!

죽이고 파괴하는 게임을 하지 않을 것! 이었다.

드라마 시청에 대해서는 큰아들과 둘째 아들을 달리 적용했다. 큰아들에게는 초등학교 졸업 때까지 드라마나 예능프로그램을 접하지 않도록 노력했다. 하지만 둘째는 드라마와 예능프로그램에 노출시켰다. 결론적으로 보면 일정 부분 노출해도 무방하다는 결론을 내렸다. 드라마와 예능프로그램에 노출되면서 나눈 대화는 둘째의 성장에 긍정적인 영향을 끼쳤기 때문이다. 형이 잘하는 것도 많지만 노출에 의한 영향 때문에 형보다 발달사항이 더 빠른 부분이 나타났다.

아이가
선택하게 하라

대한민국 학교 시스템은 객관식 문제를 읽고 답을 찍는 경우가 많다. 이제 교육 시스템부터 변해야 한다. 하지만 문제는 핀란드처럼 한 명의 교사가 소수 인원을 데리고 수업할 수 없다는 것이다. 공교육을 불신하는 이유는 교사의 문제가 아니라 시스템의 문제다. 머지않아 이런 문제가 해결되리라 믿는다.

그렇다고 언제 바뀔지 모르는 대한민국 시스템 탓만 할 수 없다. 학교에서 부족하면 가정에서 해야 한다.

둘째 아이 친구 부모로부터 어느 날 전화 한 통이 걸려왔다. 아이가 친구를 가방으로 쳤다는 항의 전화였다. 우선 죄송하다고 말씀드리고 아이에게 물어보기로 했다.

"오늘 친구와 무슨 일 있었니? 방금 기동이 엄마에게 전화 왔는데 어떻게 된 일이야?"

"학교 끝나고 신호를 기다리는데 기동이가 빨간 신호등에 건너려고 해서 위험하다고 말했는데, 저를 놀리면서 건너가려 했어요. 그래서 화가 나서 못 건네게 막다가 제 신발주머니가 기동이 몸을 쳤어요."

"아빠 생각엔 빨간 신호등을 건너려고 했을 때 위험한 상황까지만 알려주었으면 좋았겠다는 생각이 들어. 기동이 엄마가 화가 나서 사과하지 않으면 문제 삼겠다고 하네."

"네, 죄송해요."

아이를 데리고 사과하기 위해 기동이네로 나섰다. 마침 도로에서 놀고 있던 기동이와 엄마를 발견했다. 둘째는 죄송하다고 했고 기동이는 괜찮다고 했다.

하지만 기동이 엄마는 남의 귀한 자식을 어디 신발주머니로 치냐며 소리를 크게 질렀다. 순식간에 아파트 20여 명의 주민이 모였고 기동이 엄마는 마치 큰 싸움이 일어났던 것처럼 일을 키우고 있었다.

"기동이가 신호를 지키지 않던, 차에 치여서 교통사고가 나던, 그게 너랑 무슨 상관이니? 부모가 가정교육을 어떻게 했으면 그까짓 일로 친구를 때리고 다닐까?"

"죄송합니다. 다시는 이런 일 없도록 하겠습니다."

그렇게 사과를 하고 아이와 함께 집으로 돌아왔다.

"아들! 오늘 일 어떻게 생각하니?"

"아빠 말씀대로 위험하다는 상황까지만 말했어야 했어요. 죄송해요. 저 때문에 아빠가 잘못한 것도 없는데 사과를 하시고…"

아이는 눈물을 흘리며 오늘 일에 대해 깊이 사과했다.

시대가 많이 변했다. 이런 비슷한 일들은 아이가 살면서 수도 없이 경험하게 될 것이다.

"아빠, 죄송해요."

"왜?"

"오늘 야구장에서 아이스크림을 먹었는데 돈을 안 냈어요. 수십 명이 한꺼번에 물건을 사니까 괜찮다고 친구가 그러는 바람에 저도 순간 실수했어요."

"친구 몇 명이 그랬니?"

"8명이요. 친구들이 죽을 때까지 비밀로 지키자고 했는데 심장이 떨려서 아빠께 말씀드리는 거예요."

"그래, 솔직히 말해줘서 고맙구나. 하지만 잘못하면 벌을 받아야 하는 건 알고 있지?"

초등학교 저학년 아들은 회초리를 맞은 후 속 시원히 말씀드리기 잘했다고 했다. 그때는 이미 저녁 11시를 훌쩍 넘긴 시간이었다.

"일어나"

"왜요?"

"가서 물건값을 지불해야지."

"저도 가야 하나요?"

"장소가 어딘지 아빠는 몰라. 그러니 너도 가야지."

30분을 달려 야구장에 도착했다. 직원들은 물건을 정리하고 있었다. 낮에 있던 일을 설명하고 아이들이 가져간 아이스크림 값의 10배를 드렸다.

직원은 어린아이들이 호기심에 한 것이니 괜찮다며 물건 값만 받겠다며 거절했다.

돌아오는 길에 아이는 걱정스러운 얼굴로 물었다.

"아빠, 친구에게 오늘 아이스크림값 낸 걸 말해야 할까요?"

"친구가 비밀로 하자고 했다면서? 말해야 할지 말아야 할지는 네가 선택해. 대신 진짜 친구를 위한다면 사실대로 말하고 다시는 그런 일을 하지 않도록 하는 것이 좋지 않을까? 아빠도 비밀은 지켜줄 테니까."

아이는 다음날 친구들에게 사실을 말했고 다시는 그런 행동을 하지 않겠다고 약속을 했다. 분명 바늘도둑이 소도둑 된다고 나는 믿는다. 어릴 때 잘못된 행동을 발견하고 바로 잡지 않으면 더 큰 잘못된 행동을 잘못인 줄 모르고 저지르는 경우가 많다.

평소에 아이와 충분한 소통을 해왔기에 이 문제를 해결할 수 있었다. 아이 스스로 판단할 것이 있고 어른이 개입 돼야 할 문제가 있다. 이 일이 있고 난 뒤 아이와 나는 죄와 벌에 관한 이야기를 많이 나눴다. 이 일 덕분에 아이는 주변 친구들로부터 바른 사나이라는 소리를 듣게 됐다.

잘못된 선택도 존중해야

아이들은 매 순간 잘못된 선택으로 부모에게 혼나거나 다툰다. 도대체 이런 잘못을 몇 번이나 더 해야 고쳐질까? 숙제하지 않고 미루다 늦은 시간이 돼서야 졸음을 참아가며 숙제를 한다. 시험공부를 열심히 하지 않더니 나쁜 성적표를 받아 들고서야 후회를 한다. 그러나 이 모든 선택도 오히려 빠를수록 좋다. 이런 경험 덕분에 더 큰 잘못된 선택을 방지할 수 있으니 말이다.

계획도
실력이다

　많은 아이가 방학 후 계획을 세운다. 하지만 계획도 세워본 아이가 더 잘 세운다.

　방과 후 3시에 피아노, 4시 30분에 영어학원, 6시에 저녁, 7시 논술학원, 8시 과학학원, 9시 수학학원, 11시 취침이면, 상위권으로 가는 건 포기해야 한다. 스스로 복습하는 시간이 없기 때문이다.

　나는 학원에 무조건 가는 걸 반대한다. 부족한 과목이 있다면 그 과목에 대해 수강을 하고 반드시 복습하는 시간을 가져야 하기 때문이다. 인간의 두뇌는 복습하지 않으면 10분 후부터 사라지도록 설계돼 있다. 영재나 천재를 제외하고는 모두 같은 조건을 가진다.

반복해서 노력하면 성적이 올라가는 게 당연하다.

하지만 몇 시간씩 엉덩이에 종기 나도록 앉아 있을 아이가 몇이나 될까? 그나마 고등학생이면 모를까!

초등학교에 입학하면 거의 모든 엄마가 불안을 느낀다. 수학이나 영어 시험을 보면 비가 내린다. 당황한 엄마가 가장 먼저 생각하는 게 아이를 어느 학원으로 보낼까다. 나조차 아이를 영어 학원에 보내려고 찾았었다.

여러 부모님이 내게 말한다. 아빠가 집에 있으니 아이를 챙길 수 있지 않느냐고. 맞다. 나는 이 말에 전적으로 동의한다.

하지만 맞벌이 부모도 아이의 공부 습관을 들일 수 있다. 아이가 다니는 영어 학원에서 복습까지 마치고 다른 곳으로 이동하게 하거나, 퇴근 후 아이가 공부한 분량을 확인하고 체크하는 방법이다.

"오늘 선생님께 질문했니?"

"아니요."

"하루 한 가지씩 질문하는 게 좋을 거 같아. 준비물이나 숙제 있니?"

" 있어요."

"잠잘 시간이 다 되었는데 얼른 해야겠구나. 내일부터는 일찍 하는 게 좋겠다."

"네, 그럴게요."

이렇게 다짐을 해도 내일도 모레도 똑같은 현상이 벌어진다.

"친구가 회사에서 나온 수첩을 아빠에게 보내줬네. 여기에 계획을 세워야겠다. 우리 아들 일정도 여기에 넣어야겠어."

"제 계획을요?"

"그래, 우린 한 몸이잖아."

"어떤 계획을 넣으실 거예요?"

"올해 목표를 정하고 어떻게 할 건지 계획을 잡아야지. 우선 매일 1권씩 책을 읽고 서평을 쓸 거야."

"아빠 저는 초등학교 3학년이니까 매일 스토리 영어책 3권 읽을게요."

"그래, 작년에도 계획을 세워 책을 읽으니까 다독을 할 수 있었지."

아빠는 아이를 믿지만 스스로 계획을 세워 실천한다는 생각은 결단코 하지 않는다. 그런 신통방통한 아이는 없다는 걸 옛날 옛적에 깨달았다.

나 또한 고등학교를 졸업하기 전까지 계획을 잡고 공부하지 않았다. 그건 무척 어렵고 힘든 일이다. 그런데도 아이와 함께 계획하고 습관을 들이려는 이유는 아이와 함께 하는 모든 시간이 행복하기 때문이다. 내가 주는 모든 것이 아이에게 좋은 영향을 끼치고 건강한 삶의 밑거름이 되기를 바라기 때문이다.

굳어진 습관은 근본적으로 바뀌기 힘들다. 그래서 좋은 습관을 들이려는 노력이 필요하다. '시작이 반이다.'는 말처럼 계획을 세우면 성공 확률은 높아진다.

오늘도 둘째는 하루 1시간 이상 무조건 책을 읽는다. 초등학교 3학년까지는 수학 문제 3장씩 풀기로 했다. 영화가 보고 싶으면 저녁 8시 이전까지 준비물과 숙제를 끝내야 한다. 하지만 1년에 네다섯 번은 밤 11시가 넘어서 준비물이 필요하다고 말한다. 그나마 다행인 건 대형마트가 자정까지 연다는 거다.

예상하지 않으면 속상하지만 예상하면 가볍게 넘길 수 있다. 아이는 기계가 아니다. 아이가 계획을 세워도 자주 잊어버리는 이유는 세 가지다. 첫째는 망각 때문이다. 둘째는 낮에 숙제나 준비물보다 더 재미있는 것들이 많기 때문이다. 셋째 어른보다는 훨씬 여유롭기 때문이다.

후천적 지능 10 높이기

컴퓨터를 일찍 접한 아이는 후천적 지능이 10 이상 높아진다. 한글과 영타 목표를 정해두고 매일 일정하게 연습하게 한다. 목표는 분당 한글 300타, 영어는 200타가 적당하다. 한글 프로그램은 학교 과제물을 스스로 만들어 제출할 수 있는 수준이면 된다. 파워포인트는 10 이내에 슬라이드로 발표 자료를 꾸밀 수 있으면 된다. 그림판은 프린트스크린 키를 활용해서 편집한 후 한글이나 파워포인트 프로그램으로 가져갈 정도면 된다. 마지막으로 내장된 마이크프로그램으로 목소리를 녹음하고 화면을 녹화할 수 있다면 금상첨화다. 프로그램으로는 반디캠 등이 있다.

아이가
<u>스스로 완성하게 하라</u>

<u>스스로</u> 신발 끈도 못 묶는 고등학생이 있다. 공부는 전교 1등이다. 이 부모는 아이에게 공부 외에는 아무것도 시키지 않았다. 밥 먹는 시간도 아깝다며 아이는 책을 보고 엄마는 떠먹였다. 아이는 누워서 책을 보고 무언가 가져다 주라거나, 무엇이 필요하다고 말했다.

공부는 전교 꼴찌인데 직접 만든 요리로 부모님과 함께 저녁을 먹고 세탁기도 돌리고, 집 안 청소도 도맡아 하는 아이도 있었다. 부모라면 둘 중 어떤 아이를 원할까?

아마도 집 청소도, 요리도, 신발 끈도 혼자 잘 묶으면서, 공부도

꽤 잘하는 아이를 원할 게 뻔하다.

하지만 이제 공부만 잘하는 아이는 이 시대가 요구하는 인재상
이 아니다.

어느 날 아이가 1시간 동안 학교 과제물로 씨름을 하더니 마무리
단계에서 나를 찾았다.

"아빠, 학교 숙제 다 했는데 사진 한 장 인쇄 좀 해주세요."

"고생했네. 어떤 사진인데?"

"위인 중 한 명이요."

"아빠가 해 줄 수는 있는데 1시간 동안 숙제를 했는데 마무리도
네가 하는 게 좋지 않을까? 네가 하기 어려운 거면 도와줄 수는 있
어."

"알았어요. 제가 할게요."

그러더니 인쇄를 마치고 만세를 부른다.

식사 준비시간에 방에서 나온 아이에게 아내가 말했다.

"냉장고에서 반찬 꺼내고 밥 좀 담아줄래? 숟가락도 놓고."

"네"

국을 담고 식탁에 앉았는데 숟가락이 아이 자리에만 있다. 나는

웃으며 말했다.

"엄마 아빠는 손으로 밥 먹니?"

"아, 죄송해요. 전 제 것만 놓으라는 줄 알았어요."

아이가 배려심이 없어서 자기 숟가락만 둔 게 아니다. 경험이 부족하기 때문이다. 이런 작은 경험에서 배려심을 배운다.

과학의 날 항공우주탐구대회가 열렸다. 비행기를 만들어 새총으로 날리는데 멀리 비행하는 팀이 우승한다.

"아빠, 새총이 필요한데 어디서 구해요?"

"이 근처는 아파트라 구하기 힘들텐데 인근 산으로 가볼까?"

"네"

아이와 함께 인근 산으로 갔다. 그날따라 새총으로 사용할 만한 나무가 없었다.

"맞다. 최근에 아파트 안에 있는 나뭇가지를 정리했는데 쌓아둔 곳이 있어. 그곳으로 가보자."

아파트로 돌아와 잘라 둔 나뭇가지를 뒤졌다.

"아빠, 이거 어때요?"

"그래, 쓸 만하구나. 적당한 크기로 자르자. 누가 자를까?"

"어떻게 톱질해요?"

"아빠가 시범을 보여줄게."

톱질하는 모습을 본 아이는 나머지 한쪽을 잘랐다.

"새총을 만들려면 또 뭐가 필요하지?"

"고무줄과 가죽이요."

"고무줄은 집에 있고 가죽이 있는지 찾아봐야겠다."

하지만 한참을 찾아도 새총에 쓸 가죽은 보이지 않았다. 그래서 사용하지 않던 지갑을 활용하기로 했다.

"이걸로 잘라야겠다."

"재활용에 버리려다 둔 건데 요긴하게 사용하네. 자 이제 묶으면 되겠다."

"묶는 건 내일 대회에서 하면 돼요. 고맙습니다."

아이는 그날 생애 최초의 톱질을 경험했다.

"이번 주는 전등을 교체할 거야."

"아빠가 할 수 있어요? 위험하지 않아요?"

"전기를 내려두고 작업하면 괜찮아. 자 이게 전기 테스트기야. 전기가 흐르는지 체크할 수 있어. 바늘이 220V를 가리키지. 이젠 차단기를 내리고 재어 볼까? 어때?"

"바늘이 올라가지 않네요."

아이는 옆에서 형광등 케이스에 있는 볼트를 집어주는 역할을 맡았다. 아이 키가 작아서 교체 작업을 실제로 해보지는 못했지만 전구를 교체하는 전 과정을 본 날이다.

추운 겨울이 다가왔다. 살고 있는 아파트가 오래되고 중문이 없는 곳이라서 열을 많이 빼앗긴다. 그래서 이번에는 벽돌로 인테리어를 하고 중문을 만들어 보기로 했다. 벽돌 붙이는데 꼬박 이틀이 걸렸다. 퇴근 뒤 저녁 먹고 작업을 시작해서 새벽에서야 끝이 났다. 이제 남은 건 중문이다.

인터넷으로 중문 만드는 방법을 찾아봤다. 나무는 길이를 재고 목공소에 주문을 넣어 잘라달라고 했다. 아크릴로 안과 밖이 보이게 할 예정이다. 철물점에서 필요한 경첩, 목심, 8mm드릴 날 등을 샀다.

"이것 좀 봐. 여기 중문을 만들건데 아들도 도와줘야 해."

"이런 것도 우리가 만들 수 있어요?"

"그럼, 요즘 세상에 안되는 게 어디 있니?"

요즘 부모는 아이가 할 수 있는 것까지 요구하지 않아도 알아서 전부 해준다. 공부할 시간을 뺏지 않으려는 마음에서다. 그러나 이제는 공부만 하는 아이는 바보가 되는 시대다. 아이가 할 수 없는 것도 부모와 함께 경험시켜 할 수 있는 것을 늘려가야 한다. 힘든 중문 만들기에 도전한 이유도 서툴지만 노력하면 성공할 수 있다는 사실을 보여주고 싶어서였다. 기술자에게 맡기면 편하지만 모두 비슷하게 제작된다. 내가 설계하고 제작한다면 내가 원하는 중문을 만들 수 있다. 중문 만들기나 육아나 똑같다. 대한민국 부모는 누구든 마음만 먹으면 무엇이든 잘할 수 있다.

아이의 자존감을 높여라

집에서 아이가 할 수 있는 일을 찾아서 시켜야 한다. 심부름을 마구잡이로
시키라는 게 아니다. 신발 정리하기, 식사 차릴 때 부모 도와주기, 방 청소할
때 자기 방 정리하기, 욕실에서 수건 가져다 달라고 하기, 영화 예매 시 아이
가 예약하기, 쓰레기 재활용품 함께 버리기 등이다. 아이에게 자존감을 높이
는 방법으로 심부름을 시킬 때도 있다. 하지만 명령보다는 부탁해야 한다.
'물 한 잔 가져와.'와 '물 한 잔 가져다줄래?'는 다르다. 때로는 아픈 부모를
위해 자신의 행동이 도움이 될 수 있다는 것에 존재감을 느끼며 자존감도 높
아진다.

부모를 공경하는 법,
인류를 위한 과학자로서 위대한 발명을 이루는 법,
가난한 나라 사람들이 인간답게 살 수 있도록 돕는 법,
요리사가 될 수 있는 법,
유기견에게 도움을 줄 수 있는 수의사가 되는 법,
암을 정복하고 인류 생명을 연장할 수 있는 법,
실패해 보지 않은 성공은 사상누각임을 아는 법,
내 삶이 중요하듯,
다른 사람의 삶도 중요하고 더불어 살아가는 법,
영어는 문법부터 배우기보다 외국인과 부딪히며
배워야 실수를 두려워하지 않는다는 것.

이 모든 것이
책 속에
들어 있다.

육아 너무 어렵게 하지 말아야

자녀가 명문대를 졸업한다고 부모가 행복할까? 대기업을 들어간 다고 행복할까? 어렵게 공부해서 들어간 회사가 적성에 맞지 않고 매일 즐겁지 않다면 인생은 불행하다. 자녀에게 집까지 대출받아 투자했는데 대학 졸업 후 취직도 못하면 남는 건 공허함 뿐이다.

마흔이 넘으면 인생이 아무것도 아니라는 걸 안다. 인생이 천년 만년 이어질 것 같아도 하루에 사망하는 사람만 전 세계 20만 명 이다. 어릴 적 TV에 나오던 사람도, 동네 아저씨, 아주머니도 대부 분 생을 마감하셨다. 인생은 잠시 잠깐이다.

아이를 혹사시켜 의사, 변호사로 만들기보다 오늘이 행복한 순 간을 살도록 가르치자. 놀게만 하자는 게 아니다. 공부를 시키더라도 동기부여가 우선이라는 얘기다. 방향을 잡는 게 먼저다.

　자식은 전생에 빚쟁이라는 말이 있다. 각각의 부모가 빌린 돈만큼 빚을 갚겠지만 내 생각에는 최대한 빚을 갚지 않는 것도 좋은 듯하다. 전생에 빚쟁이라고 꼭 돈만 빌린 게 아닐 거다. 어쩌면 돈이 아니라 목숨을 빚졌을 수도 있고, 배려를 빚졌을 수도 있다. 그러니 아이를 먹여주고 입혀주고 충분히 사랑해 줬다면 그것만으로 대부분의 빚은 갚은 셈이다. 채무자가 너무 호구면 채권자는 죽을 때까지 채무자를 괴롭히니까.

　육아를 어렵게 생각하는 건 과도한 욕심 때문이다. 육아 내공이 쌓인 부모는 아이를 힘들게 하지 않는다. 첫 아이가 대학생이 되면 육아서적을 한 권도 읽지 않아도 아이를 어떻게 키워야 하는지 안다. 하지만 인생도 육아도 연습은 없다. 아이와 함께 배워가며 삶의 퍼즐을 맞출 수밖에 없다.

　인생 전체를 봤을 때, 오십부터 행복하기 위해 앞만 보고 달리는 사람보다 10대, 20대, 30대도 골고루 행복한 사람이 행복하다. 1등만 기억하는 세상이 아니다. 2등 부터 꼴등도 부모의 생각만 바뀌면 행복한 인생이 된다. 어떤 아이는 인생에서 부모가 전부다. 행복한 부모 밑에서 행복한 아이가 성장한다.

살아보니 분명, 행복은 성적순이 아니다.

흔들리지 않는 마음만 있다면.

평범한 아이를 공부의 신으로 만든 비법

초판 1쇄 발행 2017년 7월 18일
초판 5쇄 발행 2017년 8월 1일

지 은 이   이상화
발 행 인   김승호
편 집 인   서진
펴 낸 곳   스노우폭스북스

기획편집   서진 황혜정
마 케 팅   김정현
디 자 인   이창욱

주   소   경기도 파주시 문발로 165, 3F
대표번호   031-927-9965
팩   스   070-7589-0721
전자우편   edit@sfbooks.co.kr

출판신고   2015년 8월 7일 제406-2015-000159

ISBN 979-11-88331-07-9 13590
값 14,800원